W0225193

## Ihr Hobby

# Breitrandschildkröten
## *Testudo marginata*

Georg Mirlach

© 2007 by bede-Verlag GmbH, Bühlfelderweg 12, D-94239 Ruhmannsfelden
E-Mail: info@bede-verlag.de; Internet: www.bede-verlag.de
Konzept der Reihe „Ihr Hobby...“, Herstellung / Gestaltung: bede-Verlag

Alle Rechte vorbehalten. Für Schäden, die durch Nachahmung entstehen, können weder der Verlag noch die Autoren haftbar gemacht werden.

Bildnachweis: Alle Fotos Georg Mirlach, Bastian Esser, Torsten Blank und Dominik Müller.

ISBN: 978-3-89860-156-6
bede-Bestellnummer: HO 434

# Inhaltsverzeichnis

# Einleitung

Wohl kaum einem passioniertem Schildkrötenliebhaber wird es möglich sein, das Geheimnis seiner Leidenschaft in allgemein verständliche Worte zu fassen. Ist es der eigentümliche Körperbau dieser urzeitlichen Reptilien oder ist es ihre gemächliche Lebensart, die uns so sehr in ihren Bann zieht? Tatsache ist, dass man, einmal mit dem Virus Schildkröten infiziert, diese Leidenschaft nie wieder los wird. So ergeht es auch mir seit den frühesten Tagen meiner Jugend. Schon als kleiner Junge war ich begeistert von Tieren und der Natur und glücklicherweise konnte ich in einer naturbelassenen Gegend aufwachsen, in der es möglich war, Tiere zu beobachten und auch selbst zu pflegen. Ein Tier aber hat mich schon immer mehr als alle anderen fasziniert: Die Europäische Landschildkröte.
Wenn ich an die Anfangszeit zurückdenke, in der ich mich der Pflege von Landschildkröten widmete, dann muss ich gestehen, dass ich in der Haltung dieser Tiere viele Fehler gemacht habe und vielen Missverständnissen erlegen bin. Doch mit den Jahren habe ich gelernt, aus der Beobachtung meiner eigenen Tiere und aus Beobachtungen von Schildkröten in der freien Natur, die ich während verschiedener Reisen machen konnte. Nicht zuletzt hat mir auch der regelmäßige Erfahrungsaustausch mit anderen Schildkrötenhaltern geholfen, die Haltung meiner Schildkröten zu optimieren und stetig zu verbessern. Dabei ist immer noch vie-

Wohl kein Liebhaber kann die Faszination, die von Breitrandschildkröten ausgeht, in Worte fassen.

les zu lernen und das ist es wohl neben der Liebe zu den Tieren, was die Begeisterung für dieses spannende Hobby am weiterlodern hält, das ewige Entdecken von Neuem, mit dem mich die wundervollen Schildkröten überraschen.

Mit diesem Buch möchte ich vor allem Neueinsteigern in der Schildkrötenpflege meine Art der Haltung einer ganz besonderen in Europa beheimateten Landschildkröte nahebringen, die Haltung von *Testudo marginata*, der Breitrandschildkröte. Mein Hauptaugenmerk liegt dabei auf der richtigen Ernährung, Unterbringung und Überwinterung dieser Tiere, denn dies sind erfahrungsgemäß diejenigen Faktoren, bei denen noch immer viele Anfänger in der Schildkrötenhaltung verunsichert sind. Eines darf man nie vergessen: Landschildkröten, wie lange sie auch immer in menschlicher Obhut leben mögen, sind Wildtiere und werden es immer bleiben. Weder wurden sie durch gezielte Zucht in ihrem natürlichen Erscheinungsbild verändert, wie so viele Säugetiere, noch kann man im eigentlichen Sinne von einer Domestikation sprechen. Insofern ist die Richtlinie, an der sich meine Schildkrötenhaltung orientiert immer die Natur und das Ziel einer idealen Schildkrötenhaltung muss meiner Meinung nach auch ein naturnahes Leben und ein natürliches Verhalten der Tiere sein. Dabei tritt auch schon die erste Schwierigkeit auf, denn in unseren Breiten gibt es natürlicherweise keine Vorkommen von Landschildkröten. Unser Klima ist zu rau, die Sonne scheint weniger, die Sommer

Auch wenn Breitrandschildkröten sehr gelassen wirken, sind sie dennoch sensible Geschöpfe, denen man mit Respekt begegnen sollte und deren Bedürfnisse nicht ignoriert werden dürfen.

Ein etwa zehnjähriges, halbwüchsiges Tier in seiner griechischen Heimat. Hoffentlich finden diese Tiere dort auf Dauer eine Überlebenschance.

sind verregneter als in den mediterranen Heimatländern von Europäischen Landschildkröten. Vor allem die Übergangszeiten, Herbst und Frühjahr, entsprechen nicht den natürlichen Lebensbedingungen der Breitrandschildkröte, die als wechselwarmes Reptil in starker Abhängigkeit von den sie umgebenden Klimafaktoren lebt. Hier also sind wir als Pfleger gefragt, dem Tier Bedingungen zu bieten, die es ihm ermöglichen, trotz aller Widrigkeiten ein gesundes und langes Leben unter geeigneten klimatischen Bedingungen und unter Berücksichtigung der artspezifischen Bedürfnisse in menschlicher Obhut zu führen.

Noch bis Anfang der achtziger Jahre gab es Europäische Landschildkröten für wenig Geld im Zoohandel zu kaufen. Meist handelte es sich dabei um Griechische und Maurische Landschildkröten, doch auch Breitrandschildkröten waren gelegentlich im Angebot. Für die meisten Tiere bestand keine Chance, das Leben unter menschlicher Obhut lange zu überstehen. Denn beinahe immer waren sie unzureichenden Haltungsbedingungen durch die Unkenntnis der Besitzer ausgesetzt. Man wusste damals einfach noch zu wenig über die Haltung dieser mediterranen Tiere. So führten viele Landschildkröten ein klägliches Leben und erlitten einen allzu frühen Tod durch falsche Ernährung, zu kalte und ungeeignete Unterbringung oder durch unsachgemäße Überwinterung. Am meisten Glück hatten sicherlich noch diejenigen Tiere, die von ihren Besitzern einfach im Garten gehalten wurden und denen eine Holzhütte oder Ähnliches als Unterschlupf zur Verfügung stand. Erst als die natürlichen Schildkrötenbestände in den Heimatländern der Tiere durch das beständige Absammeln zu Exportzwecken, aber auch durch die zunehmende Zerstörung der natürlichen Lebensräume bedrohlich zurückgingen, wurde man sich bewusst, dass man Europäische Landschildkröten an den Rand der Ausrottung trieb. So wurden strenge Schutzmaßnahmen verhängt, um den inzwischen bedrohten Arten ein Überleben zu sichern. Heute ist es Gott sei Dank nicht mehr notwendig, Breitrandschildkröten der Natur zu entnehmen. Es gibt inzwischen ausreichend große Zuchtstämme, die für ein regelmäßiges Angebot an Nachzuchttieren sorgen, um die stetige Nachfrage nach diesen beeindruckenden Tieren zu decken.

Die am häufigsten angebotene Europäische Landschildkröte ist sicherlich nach wie vor die Griechische Landschildkröte und ihre Unterarten. Doch mehr und mehr wird auch die Breitrandschildkröte mit ihrer stattlichen Körpergröße und ihrer eleganten Körperform zum begehrten Liebhaberobjekt. Zu Recht bezeichnet man sie als die attraktivste Europäische Landschildkrötenart. *Testudo marginata* ist als mediterranes Tier in Mitteleuropa gut und erfolgreich zu halten, wenn man die speziellen Bedürfnisse der Art berücksichtigt.

Um aber Wildtiere, wie Breitrandschildkröten, artgerecht in ihrem Zuhause zu pflegen, ist es unerlässlich, den artspezifischen Merkmalen, der Lebensweise und dem natürlichen Lebensraum der Tiere Aufmerksamkeit zu schenken. Deshalb möchte ich auf den folgenden Seiten einen kurzen Einblick in die eben genannten Punkte geben.

Unter menschlicher Obhut ist *Testudo marginata* ein äußerst interessanter und liebenswürdiger Pflegling.

Das Gewicht dieses Prachtexemplars schwankt je nach Jahreszeit zwischen 11 und 13 Kilogramm.

## Beschreibung

Die Breitrandschildkröte ist die größte und seltenste Landschildkröte Europas. Viele Exemplare erreichen eine Körperlänge von mehr als 30 cm und Gewichte zwischen drei bis fünf Kilogramm. Die größte mir bekannte *Testudo marginata*, ein Weibchen aus Sardinien, das in Italien lebt, weist ein stattliches Stockmaß von 44 cm bei einem schwankenden Gewicht zwischen elf bis dreizehn Kilogramm auf. Durchschnittlich aber erreichen diese Tiere ausgewachsen eine Carapaxlänge (Rückenpanzerlänge) von 26 bis 35 cm. Somit kann man die Breitrandschildkröte zu Recht als imposanteste der Europäischen Landschildkröten bezeichnen. Der Rückenpanzer ist langgestreckt und besonders bei männlichen Exemplaren in der Leibesmitte deutlich tailliert. Weibliche Tiere weisen in der Regel einen etwas tonnenförmigeren Rückenpanzer auf. Wie der deutsche Name verrät, haben vor allem männliche Breitrandschildkröten meist einen weit ausladenden, breiten Hinterrand, der sich bei alten Exemplaren häufig nach oben aufwirft und den Gesamteindruck einer Glocke oder eines Feuerwehrhelmes vermittelt. Auch der vordere Panzerrand ist häufig vergrößert und stark gesägt. Diesem verbreiterten Rand hat *Testudo marginata* auch ihren wissenschaftlichen Namen zu verdanken. Marginata bedeutet so viel wie „gesägt". Der Rücken-

Die größte mir bekannte *Testudo marginata* stammt aus Sardinien und misst 44 cm. Zum Vergleich wurde eine „normale" *T. marginata* mit 30 cm Rückenpanzerlänge daneben gesetzt.

Vor allem männliche Breitrandschildkröten besitzen einen weit ausladenden Hinterrand, der oftmals stark gesägt und namensgebend für die Art ist.

Breitrandschildkröten haben eine langgestreckte Körperform.

Gesund gewachsene Breitrandschildkröten weisen einen hochgewölbten Rückenpanzer auf, der im hinteren Drittel seinen höchsten Punkt findet.

Die unregelmäßige Fleckenzeichnung ist ein Relikt aus der Jugendzeit der Schildkröte. Mit zunehmendem Alter dunkeln die Tiere mehr und mehr nach. Anhand dieser Zeichnung wird deutlich, wie gut die Tiere in den unregelmäßigen Lichtflecken unter schattenspendenden Sträuchern getarnt sind.

Die Farbpalette von *T. marginata* erlaubt Schattierungen von tiefem Schwarz über ein schmutziges Grau oder Braun bis hin zu sehr hellen Tönen. Hier ein sehr altes, flavistisches Tier.

panzer ist insgesamt hochgewölbt und findet im hinteren Drittel seinen höchsten Punkt. Die Farbpalette der Breitrandschildkröten reicht von einem schmutzigen Grau über Braun bis hin zu einem tiefen Schwarz. In der Mitte der Centralschilder (Rückenpanzerschilder) haben Breitrandschildkröten oftmals unregelmäßige, helle Flecken, die sich deutlich vom Dunkel des restlichen Rückenpanzers abheben. Diese Flecken können von einem intensiven Gelb bis hin zu Weiß oder in Einzelfällen sogar rosa gefärbt sein. Sehr alte Tiere hingegen sind oft einfarbig dunkel gefärbt. Man spricht hier von Altersmelanismus. Jedoch gibt es auch immer wieder einzelne Tiere, die in ihrer gesamten Farbgebung heller sind. So sieht man manchmal auch Breitrandschildkröten, die eine bronzefarbene oder gar beige Färbung besitzen.

Der Bauchpanzer ist bei männlichen *Testudo marginata* stark konkav eingedellt. Diese konkave Wölbung findet sich teilweise auch bei weiblichen Tieren, selten jedoch so stark ausgeprägt, wie bei Männchen. Auf dem Bauchpanzer (Plastron) haben Breitrand-

Stark konkav gewölbt ist der Bauchpanzer von männlichen Breitrandschildkröten. Hier zwei ausgewachsene männliche Tiere. Man beachte den Größenunterschied. Obwohl beide Tiere aus der gleichen Gegend in Griechenland stammen, unterscheiden sie sich doch deutlich in der Körpergröße.

Auch viele weibliche *T. marginata* weisen einen konkav gewölbten Bauchpanzer auf. Selten ist diese Wölbung jedoch so stark ausgeprägt, wie bei männlichen Vertretern der Art. Der Hinterlappen des Bauchpanzers ist leicht beweglich.

schildkröten bei mindestens drei Schilderpaaren langgezogene, schwarze Wimpelzeichnungen, die mit der spitzen Seite zum Schwanz des Tieres weisen. Viele *Testudo marginata*, vor allem weibliche Exemplare, besitzen einen beweglichen Bauchpanzerhinterlappen, der wahrscheinlich dazu dient, die Eiablage zu erleichtern.

Junge Breitrandschildkröten unterscheiden sich im Erscheinungsbild noch deutlich von ausgewachsenen Tieren. Die Körperform ist eher rundlich und die Färbung noch sehr lebhaft.

Das Oberschwanzschild ist bei *T. marginata* immer ungeteilt. Ein Hornkegel zwischen Schwanz und Hinterbeinen ist nicht vorhanden und der Schwanz besitzt keinen Hornnagel. Stattdessen hat *T. marginata* eine dunkle Strichzeichnung über die Länge des Schwanzes.

Zwischen Schwanz und Hinterbeinen finden sich bei vielen *T. marginata* vergrößerte Schuppen.

Eine nahe Verwandte der Breitrandschildkröte ist die Ägyptische Landschildkröte, *T. kleinmanni*. Die Zeichnung des Rückenpanzers lässt an junge Breitrandschildkröten denken.

Die Bauchansicht der Ägyptischen Landschildkröte zeigt die Verwandtschaft zu *T. marginata* noch deutlicher. Auch hier finden sich die schwarzen Wimpelzeichnungen, jedoch nur auf maximal zwei Schilderpaaren.

Die kräftigen Vorderbeine von Breitrandschildkröten weisen grobe Schuppen auf. An den Vorderbeinen finden sich fünf Krallen, während die Tiere an den Hinterbeinen lediglich vier Krallen besitzen.

Junge Breitrandschildkröten unterscheiden sich in ihrer Körperform deutlich von ausgewachsenen Tieren. Ein weit ausladender Hinterrand ist nicht vorhanden und auch die Färbung ist wesentlich kontrastreicher als die adulter Tiere. Erst mit zunehmendem Wachstum und Lebensalter dunkeln die Tiere nach und entwickeln auch die arttypische, langgestreckte Körperform mit dem ausladenden Hinterrand. Das Oberschwanzschild ist bei Breitrandschildkröten immer ungeteilt. Hornkegel zwischen Schwanz und Hinterbeinen, wie man sie bei Maurischen Landschildkröten, *Testudo graeca*, findet, sind nicht vorhanden. Einzelne Tiere aber haben an diesen Stellen vergrößerte Hornschuppen. Ebenso fehlt ein horniger Endnagel am Schwanz, wie er für die Griechische Landschildkröte, *Testudo hermanni*, typisch ist. Stattdessen haben alle Breitrandschildkröten eine dunkle Strichzeichnung über die Länge des Schwanzes. An der Vorderseite der Vorderbeine besitzt die Breitrandschildkröte vier bis sechs Reihen grober Schuppen und fünf Krallen. Die Hinterbeine weisen vier Krallen auf und haben oftmals einen stark ausgeprägten Fersensporn. Die Beine und der Kopf sind bei Jungtieren schwarz-beige oder sogar braun und olivgrün gefleckt und dunkeln mit zunehmendem Lebensalter nach. Bei älteren Tieren, insbesondere bei männlichen Vertretern der Art, ist der Kopf sehr markant und mit deutlich sichtbaren Muskelwülsten auf der Schädeldecke versehen. Nahe verwandt sind die massigen *Testudo marginata* mit einer der kleinsten Schildkröten überhaupt, mit der Ägyptischen Landschildkröte, *Testudo kleinmanni*.

Die empfindliche Ägyptische Landschildkröte hat gänzlich andere Haltungsansprüche als die Breitrandschildkröte und ist daher für eine Freilandhaltung in Mitteleuropa nicht geeignet.

## Verbreitung und natürlicher Lebensraum

*Testudo marginata* im natürlichen Lebensraum in Griechenland nahe des Olymp.

Breitrandschildkröten sind in von Menschen spärlich besiedelten Gegenden in unterschiedlichen Habitaten anzutreffen. Sowohl im bergigen Hügelland als auch in flacheren Gegenden mit mehr oder weniger üppiger Vegetation sind sie zu Hause.

Das Hauptverbreitungsgebiet von *Testudo marginata* liegt im südlichen und mittleren Griechenland, auf wenigen Inseln der Ägäis, im südlichen Albanien und auf Sardinien. Bevorzugt leben diese Schildkröten in schwer zugänglichem, hügeligen und felsigem Gelände, weshalb sie manchmal auch in den Ursprungsländern als Bergschildkröten bezeichnet werden. In der Literatur wird häufig erwähnt, dass Breitrandschildkröten, insbesondere in der Region rund um den Berg Olymp, auch in höheren Lagen (bis 1600 m) anzutreffen sind und somit offenbar ein raueres Klima tolerieren als ihre Verwandten in tieferen Lagen. Manche Autoren halten diese Angaben für Druckfehler in älterer Literatur.

Sehr häufig aber handelt es sich bei den Habitaten von Breitrandschildkröten um mehr oder weniger steile, trockene und nach Süden geneigte Hanglagen, die mit dichtem Buschwerk zwischen Fels und Geröll bewachsen sind. Aber auch in flachem, sanfterem Terrain sind die Tiere anzutreffen, oft sogar auf landwirtschaftlichen Nutzflächen. Zwischen Steinen und üppiger Vegetation oder in Olivenhainen finden sie optimale Versteckmöglichkeiten sowie exponierte Sonnenplätze, um ihrer Thermoregulierung nachzugehen. Breitrandschildkröten sind sehr reviertreue und lauffreudige Tiere, die in ihren Habitaten, abhängig von der Jahreszeit, teilweise sehr ausgedehnte Wanderungen unternehmen, um Futter zu suchen oder Fortpflanzungspartner zu finden.

## Lebensweise

*Testudo marginata* ist ein lebhaftes, tagaktives Tier, das als wechselwarmes Reptil in seiner Lebensweise stark von den umgebenden Klimafaktoren und seiner natürlichen Umgebung abhängig ist. Das bedeutet in erster Linie, dass die Tiere in ihren Aktivitäten an die natürlichen Jahreszeiten gebunden sind. Im zeitigen Frühjahr erwachen die Schildkröten oftmals noch bei recht frischen Temperaturen aus ihrer Winterruhe und die Männchen beginnen nach ausgedehnten Sonnenbädern sofort damit, nach Weibchen Ausschau zu halten, um sich zu paaren. Da die Sonne unmittelbar nach der Winterruhe im Frühjahr noch tief steht und die Nächte auch in den Ursprungsländern der Tiere noch empfindlich kalt sein können, verlagert sich während dieser Jahreszeit die Hauptaktivität der Schildkröten in die Tagesmitte, um ein Maximum an Sonneneinstrahlung und damit Körpererwärmung zu erreichen. Hilfreich ist den Tieren dabei ihre dunkle Färbung, so können sie die Sonnenstrahlung vermehrt in Körperwärme umsetzen. Sie nehmen zu diesen Jahreszeiten oft sehr lange Sonnenbäder, um ihre Körpertemperatur zu steigern. Gerne nehmen die Tiere für solche ausgedehnten Sonnenbäder eine Schrägstellung angelehnt an Steine oder Ähnliches ein, um den Winkel der Sonnenstrahlen auf den Rückenpanzer zu optimieren. Auch die Gliedmaßen werden weit ausgestreckt, um möglichst viel Sonne abzubekommen. Erst mit dem zunehmenden Frühjahr, wenn die Tage allmählich länger werden und die Sonneneinstrahlung intensiver, beginnen die Tiere mit ihren Aufwärmphasen früher am Vormittag, um die heißen Mittagsstunden im lichten Schat-

*Testudo marginata* ist ein lebhaftes, tagaktives Tier, das sehr reviertreu ist und das in seiner Lebensweise stark von den umgebenden Klimafaktoren beeinflusst wird.

Diese weibliche *T. marginata* weist Merkmale auf, die nach MAYER auf sardischen Ursprung hindeuten. Da das Tier aber unbekannter Herkunft ist, lässt sich nicht eindeutig sagen, ob es sich tatsächlich um eine *T. marginata* aus Sardinien handelt.

Seite 21 unten: Diese männliche Breitrandschildkröte besitzt einen prächtigen Hinterrand. Das Tier ist albanischer Abstammung.

ten ruhend zu verbringen. Am späteren Nachmittag verlassen sie diese Schattenplätze um erneut Sonnenbäder zu nehmen und auf Nahrungssuche zu gehen. Vor allem im Hochsommer sind Breitrandschildkröten oft bis in die Dämmerung hinein aktiv und nützen die sinkende Sonne für ein letztes Sonnenbad und ihre letzten Aktivitäten. In sehr heißen, trockenen Sommern kann es vorkommen, dass einzelne Breitrandschildkröten eine Sommerruhe einlegen. Wenn selbst im Schatten tagsüber dauerhaft Temperaturen von nahezu 40°C herrschen, verlassen viele Tiere ihre Verstecke kaum mehr und reduzieren auch ihre Nahrungsaufnahme. Im Herbst, wenn die Tage kürzer werden, beginnen die Tiere mit ihren Tagesaktivitäten wieder deutlich später und suchen oftmals bereits am Nachmittag ihre Ruhequartiere auf. Dann, wenn im Spätherbst die Kraft der Sonne nicht mehr ausreicht, um die Körperfunktionen der Schildkröten aufrechtzuerhalten, beginnen Breitrandschildkröten, sich für den Winter zurückzuziehen. So überdauern sie die kalte Jahreszeit (durchschnittlich November bis Ende Februar) ruhend und vor den Unbillen des Wetters verborgen.

Im Gegensatz zu anderen Europäischen Landschildkröten haben Breitrandschildkröten relativ festgelegte Paarungszeiten. Die Hauptpaarungsaktivitäten erfolgen unmittelbar nach der Winterruhe und enden im späten Frühjahr. Ab September beginnt eine neue Paarungszeit, die bis kurz vor Einsetzen der Winterruhe andauern kann. Eiablagen erfolgen im Frühjahr und oft kommt es im Abstand von wenigen Wochen zu einem Zweit- oder sogar Drittgelege bis in den Frühsommer hinein.

## Unterarten

Eine weibliche *T. marginata* griechischer Herkunft, die einen wenig ausgeprägten Hinterrand besitzt. Man kann nur schwer verallgemeinern, dass ein tief gesägter und weit ausgestellter Hinterrand unbedingt darauf verweist, dass das Tier ursprünglich aus Griechenland stammt.

Die Diskussion über die Unterarten der Breitrandschildkröte ist bis heute noch nicht erschöpfend abgeschlossen. So wies MAYER in seinem Buch „Europäische Landschildkröten, Leben-Haltung-Zucht" darauf hin, dass sich die Tiere Sardiniens deutlich von den Breitrandschildkröten aus Griechenland unterscheiden. Als Hauptunterscheidungsmerkmal zieht MAYER den ausladenden Hinterrand ausgewachsener Schildkröten heran. Dieser soll bei Sardischen Breitrandschildkröten kleiner und weniger stark gesägt sein, als bei Griechischen Breitrandschildkröten. Ebenso soll der Körperbau Sardischer Breitrandschildkröten regelmäßig gedrungener und massiger sein, als bei griechischen oder albanischen Vertretern der Art. Auch die Hinterseite des Rückenpanzers soll bei sardischen Breitrandschildkröten flacher abfallend sein, als bei griechischen Tieren, für die MAYER angibt, dass die Panzerhinterseite im Vergleich immer steil abfallend ist. Man findet aber auf Sardinien durchaus Exemplare von

Eindeutig griechischer Herkunft ist diese alte weibliche *T. marginata*. Eindeutig daher, da das Bild im Habitat aufgenommen wurde.

Diese beiden alten männlichen *T. marginata* stammen beide aus Griechenland und wurden im gleichen Habitat gefunden. Auffällig ist, dass das Tier rechts im Bild deutlich kleiner ist. Ob es sich dabei um die Unterart *T. weissingeri* handelt oder um eine kleingebliebene *T. marginata* vermag ich nicht zu beurteilen.

*Testudo marginata*, die einen sehr stark gesägten und auch weitausladenden Hinterrand besitzen, ebenso wie man in Griechenland Tiere mit einem weniger markanten Hinterrand sehen kann, die insgesamt eine sehr gedrungene Körperform besitzen. Insofern ist es fraglich, ob man tatsächlich davon ausgehen kann, dass sich sardische und griechische Vertreter der Art so stark unterscheiden, um bei sardischen Tieren hier von einer Unterart *Testudo marginata sarda* zu sprechen. Zweifelsohne wurden Breitrandschildkröten durch menschliches Zutun auf Sardinien angesiedelt und sind somit als direkte Nachfahren griechischer oder albanischer Breitrandschildkröten anzusehen. Über den genauen Zeitpunkt der Einschleppung auf Sardinien herrscht Unklarheit. So erwähnt MAYER, dass auf Sardinien in etruskischen Gräbern Panzer von Breitrandschildkröten gefunden wurden, die Einschleppung also schon in antiken Zeiten stattgefunden haben muss. Andere Literaturquellen datieren die Besiedelung Sardiniens durch Breitrandschildkröten auf den ersten Weltkrieg zurück.

Wesentlich bedeutender für die Diskussion der Unterarten bei *Testudo marginata* aber ist das Vorkommen relativ kleiner Breitrandschildkröten in einzelnen Verbreitungsgebieten Griechenlands. Diese Tiere unterscheiden sich nicht nur in der Körpergröße von normalen Vertretern der Art, sondern sollen auch markante andere körperliche Abweichungen aufweisen. So soll den beschriebenen Tieren durchwegs der vergrößerte Hinterrand fehlen und auch die Färbung soll kontrastärmer sein. Bis heute ist nicht geklärt, ob sich diese Unterschiede in erster Linie auf den Lebensraum der Tiere zurückführen lassen. Viele Fachleute halten die kleinwüchsigen Breitrandschildkröten, bei denen die Länge des Carapax mit 22 bis 28 cm angegeben wird, auch für Hungerformen, die sich der Nahrungsknappheit in den oftmals kärgeren und trockeneren Habitaten angepasst haben. Dennoch wird hier von einer Unterart der Breitrandschildkröte, die unter dem Namen *Testudo weissingeri* geführt wird, ausgegangen. Sicherlich wird es in den kommenden Jahren noch mehrfache Diskussionen über eventuelle Unterarten der Breitrandschildkröten geben.

Das kleine, alte Männchen im Vergleich mit einer durchschnittlichen, weiblichen *T. marginata* aus Griechenland.

Nahezu überdimensional wuchtig ist der Panzer dieser Breitrandschildkröte aus Griechenland. Es sind sicherlich vertieftere Feldforschungen und genetische Untersuchungen nötig, um die Rätsel über mögliche Unterarten von *T. marginata* zu klären.

## Schutzmaßnahmen und gesetzliche Bestimmungen

Breitrandschildkröten unterliegen als bedrohte Tierart dem Washingtoner Artenschutzabkommen und werden im Anhang II geführt. Seit 1997 werden die Tiere zusätzlich in der EU Verordnung 939/97 genannt und unterliegen dem Bundesnaturschutzgesetz und der Bundesnaturschutzverordnung. Das bedeutet, dass der Besitz, der Kauf und Verkauf von *Testudo marginata* verboten ist. Eine Ausnahmegenehmigung von diesem Verbot erhalten Exemplare, die nachweislich in der EU gezüchtet oder regelmäßig aus Drittländern in die EU überführt worden sind. In der Praxis bedeutet das, dass jedes Tier gültige Papiere benötigt, die gelbe EU Bescheinigung oder bei Tieren, die bereits vor 1997 im Besitz waren, die blaue CITES Bescheinigung. Jeder Kauf oder Verkauf einer Breitrandschildkröte darf nur mit Aushändigung der entsprechenden Papiere erfolgen und muss unverzüglich der zuständigen Naturschutzbehörde angezeigt werden. Ebenso müssen Nachzuchterfolge sowie Todesfälle mitgeteilt werden. Entnahmen von Breitrandschildkröten aus der Natur stellen schwerwiegende Straftaten dar, die mit oftmals empfindlichen Strafen geahndet werden. Für Sie als Liebhaber, der sich der Pflege dieser interessanten Schildkröte widmen möchte, bedeutet das, dass Sie bereits beim Erwerb der Schildkröten unbedingt darauf achten müssen, den gesetzlichen Bestimmungen Folge zu leisten.

Ein Opfer der Landwirtschaft in Griechenland

Auch diese Verletzung rührt wahrscheinlich von einem Ackergerät her. Das Tier lebt mit der verheilten Wunde offenbar sehr gut weiter.

Eine große Bedrohung für freilebende Breitrandschildkröten stellen Waldbrände dar. Dieses Bild zeigt eine Schildkröte, die einem Waldbrand entkommen ist. Sie hatte mehr Glück als jene Breitrandschildkröten, die alljährlich qualvoll im Feuer umkommen.

Kleinere Verletzungen können oft zu Nekrosen führen. Die eindringenden Bakterien zerstören die Hornschicht über dem knöchernen Schildkrötenpanzer.

Der qualifizierte Zoofachhandel oder der versierte Züchter, bei dem Sie Tiere käuflich erwerben können, wird Sie sicherlich ebenfalls auf die gesetzliche Meldepflicht hinweisen und Ihnen zu jedem Tier die entsprechenden Papiere und Fotos zur Identifikation der Individuen aushändigen. Man kann nur davor warnen, Tiere ohne Papiere zu erwerben. Es handelt sich hier schlichtweg um illegales Vorgehen. Die strengen Schutzmaßnahmen zur Erhaltung der wilden Bestände von *Testudo marginata* sind leider nötig, um den freilebenden Populationen in den Ursprungsländern ein Überleben zu sichern. Doch trotz der EU-weiten gesetzlichen Regelungen ist der dauernde Fortbestand der Breitrandschildkröte in freier Natur fraglich. Durch eine immer weiter um sich greifende Zerstörung der natürlichen Lebensräume verlieren viele Tiere ihre angestammte Heimat. Straßenbau, landwirtschaftliche Nutzung, Bau von Industriegebieten, Hotel- und Wohnanlagen fordern große Flächen und das bedeutet letztlich ein Schrumpfen der natürlichen Lebensräume. Auch vermehrte Waldbrände fordern auf grausame Weise viele Schildkrötenopfer.

Also können nicht nur Schutzmaßnahmen, die sich unmittelbar auf bedrohte Arten beziehen, sondern vor allem Naturschutz vor Ort in den Heimatländern der Tiere ein langfristiges Überleben von freilebenden Schildkröten und anderen bedrohten Arten sichern.

## Grundsätzliche Überlegungen vor der Anschaffung

Jeder verantwortungsbewusste Tierfreund wird vor der Anschaffung eines Lebewesens einige grundsätzliche Überlegungen anstellen müssen. Ich werde versuchen, im Folgenden die wichtigsten Überlegungen vor der Anschaffung von Breitrandschildkröten zusammenfassend darzustellen.

Aufgrund ihrer Körpergröße und ihres je nach Jahreszeit enormen Bewegungsdranges eigenen sich Breitrandschildkröten nicht für eine Unterbringung in einem Zimmerterrarium. Insofern ist die wichtigste Grundvoraussetzung für die erfolgreiche Haltung dieser Art in seinem Zuhause ein sonniger Garten. Ist es Ihnen nicht möglich, ein sonnenexponiertes Areal von mindestens 20 Quadratmetern für nicht mehr als drei bis vier Tiere als Schildkrötengehege zur Verfügung zu stellen, sollten sie von der Pflege der Breitrandschildkröte Abstand nehmen. Sind Sie aber Gartenbesitzer, steht einer erfolgreichen Schildkrötenhaltung nichts im Wege.

Es gibt aber durchaus andere Aspekte, die vor der Anschaffung wohl bedacht sein wollen. Breitrandschildkröten sind wie alle anderen Schildkröten keine Schmusetiere. Es sind Wildtiere, zu denen man keinen körperlichen Kontakt sucht, sondern die man mit Interesse beobachtet. Dies ist insbesonders dann zu berücksichtigen, wenn die

*T. marginata* eignet sich nicht für die Haltung in Zimmerterrarien. Für eine artgerechte Unterbringung ist ein sonniger Garten vonnöten.

Für Gartenbesitzer kann die Haltung von Breitrandschildkröten zu einem aufregendem Hobby werden.

Schildkröten für Kinder angeschafft werden sollen. Die meisten Kinder wollen ein Tier zum Streicheln und lieb haben. Dafür ist ein stressanfälliges Tier wie *Testudo marginata* denkbar ungeeignet. Es sollte also sowohl von Ihnen als auch von Ihren Kindern die Bereitschaft vorhanden sein, sich in der Pflege von Breitrandschildkröten überwiegend mit interessanten Beobachtungen zufrieden zu geben. Auch ist zu bedenken, dass Breitrandschildkröten bei guter Gesundheit sechzig bis achtzig Jahre und mehr alt werden können. Man sollte bereits die Anschaffung solcher Tiere in dem Bewusstsein vollführen, dass sie ihren Pfleger durchaus überleben können. Bedenken Sie auch, dass bereits vorhandene Haustiere wie Hund oder Katze mit den Schildkröten leben müssen und für diese Tiere unter Umständen eine Gefahr darstellen können.

Wie in der Haltung anderer Lebewesen auch fallen bei Breitrandschildkröten Pflegearbeiten wie die Reinigung des Geheges, die artgerechte Fütterung, die Kontrolle der Tiere selbst und bauliche Arbeiten am Gehege an, die regelmäßig verrichtet werden müssen. Auch während der Urlaubszeiten sollte jemand da sein, um nach den Schildkröten zu sehen. Als reviertreuem Tier ist es der Breitrandschildkröte nicht zuzumuten, während eines Urlaubes umquartiert oder gar in den Urlaub mitgenommen zu werden. Vielmehr sollte eine vertrauenswürdige Person ein bis zweimal täglich nach den Schildkröten sehen und anfallende Arbeiten verrichten.

Nicht zu unterschätzen sind auch die Kosten der Schildkrötenhaltung. Da ist zum einen der nicht ganz günstige Anschaffungspreis der Tiere selbst. Für ein einjähriges Jungtier muss man mit circa 70 bis 100 Euro rechnen,

bei älteren Tieren steigt der Preis je nach Geschlecht um ein Vielfaches. Anfallende Stromkosten für eine eventuelle Beheizung des Schildkrötenhauses in einem nasskalten Sommer müssen einkalkuliert werden, ebenso wie Tierarztrechnungen, wenn eine Schildkröte medizinische Versorgung benötigt. Auch ein geeignetes Schildkrötenhaus und die Bepflanzung des Geheges haben ihren Preis und man sollte da nicht am falschen Ende auf Kosten der Schildkröten sparen. Wenn all diese Faktoren bedacht werden, und Sie zu dem Entschluss gelangen, sich auf dieses wundervolle Hobby einzulassen, dann steht der Anschaffung von Breitrandschildkröten nichts im Wege.

Bedenken Sie auch, dass bereits vorhandene Haustiere mit den Schildkröten leben müssen. Dieser wohlerzogene Hund interessiert sich nicht sonderlich für den Panzerträger.

Diese vorwitzige Katze hingegen ist durchaus an der Schildkröte interessiert. In der Regel stellen Katzen aber keine Gefahr für Schildkröten dar.

## Erwerb

Haben Sie sich entschlossen, sich dieser prächtigen Schildkrötenart zu widmen und haben Sie ein sonniges Stück Garten, wie weiter hinten beschrieben, bereit gestellt, steht dem Kauf nichts mehr im Wege. In den seltensten Fällen wird es Ihnen gelingen, eine intakte Gruppe adulter Breitrandschildkröten zu erwerben. Viel leichter sind Nachzuchttiere erhältlich, die in Deutschland alljährlich in relativ großer Stückzahl von versierten Züchtern oder im qualifizierten Zoohandel angeboten werden. Züchteradressen erhalten Sie am einfachsten über Fachzeitschriften oder Internetforen. Aber auch spezielle Terrarienvereine oder eine Mitgliedschaft bei der Deutschen Gesellschaft für Herpetologie und Terrarienkunde, kurz DGHT genannt, kann behilflich sein, eine geeignete Bezugsquelle in erreichbarer Nähe ausfindig zu machen.

Die beste Zeit für den Schildkrötenkauf liegt zwischen Mitte April und Mitte Juni. Keinesfalls sollte man Jungtiere im Hoch- oder Spätsommer unmittelbar nach dem Schlupf kaufen. Ratsamer ist es, ein- oder besser zweijährigen Tieren den Vorzug zu geben. Bei solchen Jungtieren sollte man darauf achten, dass die Tiere bereits ab dem ersten Lebensjahr eine ausreichend lange Winterruhe gehalten haben. Also Vorsicht bei Tie-

Egal, ob es sich um Jungtiere oder um ältere Exemplare handelt, die Sie erwerben möchten. Alle Breitrandschildkröten sollten einen glatten Panzer haben und die Hinterbeine beim Laufen aktiv benützen.

Achten Sie beim Kauf darauf, dass das Tier klare Augen und eine trockene Nase hat.

Unbedenklich ist es, wenn das Tier, das Sie erwerben wollen, Schilderanomalien hat. Hier handelt es sich um Schönheitsfehler, die der Gesundheit der Breitrandschildkröte nicht schaden.

ren, die über den ersten Winter wachgehalten und gefüttert wurden. Dies zeugt von einer unsachgemäßen Aufzucht. Junge Breitrandschildkröten, die im natürlichen Jahreszeitenrhythmus gehalten werden und denen auch eine Winterruhe gewährt wurde, haben sich in der Regel als gesund und lebensfähig bewährt und zeigen sich vital und mit gesundem Wachstum.

Insgesamt sollten Sie bei der Auswahl der Tiere auf hohe Vitalität achten. Die Augen müssen klar und ohne Ausfluss sein, die Nasenlöcher trocken und frei von Fremdkörpern. Der Panzer sollte auch bei ganz kleinen Schildkröten glatt und ohne Höckerbildung sein. Leichter seitlicher Druck mit den Fingern sollte ein Gefühl von Stabilität vermitteln, auch wenn der Panzer einer jungen Breitrandschildkröte erst im Alter von mehreren Jahren gänzlich ausgehärtet ist. Unbedenklich ist es, wenn der Panzer Schilderanomalien aufweist. Hierbei handelt es sich in der Regel nur um Schönheitsfehler. Haut und Beinbeschuppung sollten klar erkennbar und ohne Wunden oder verkrustete Stellen sein. Lassen Sie sich Zeit bei der Auswahl. Beobachten Sie die Tiere. Alle Breitrandschildkröten, ob Babyexemplar oder ausgewachsenes Tier, sollten hochbeinig laufen und den Panzer waagrecht zur Erde tragen. Eine einzelne *Testudo marginata* anzuschaffen entspricht von vornherein nicht dem Konzept einer artgerechten Haltung. Stattdessen sollten Sie versuchen, eine Gruppe von Tieren zusammenzustellen. Schildkröten sind zwar keine Herdentiere, wie wir es von vielen Säugetieren kennen, aber ein gewisses Sozialverhalten haben diese urzeitlichen Tiere durchaus, dem man mit der Haltung mehrerer Schildkröten der gleichen Art, Rechnung tragen sollte. Beim Kauf erwachsener Tiere ist unbedingt darauf zu achten, dass die Gruppe in einem intakten Geschlechterverhältnis zusammengestellt wird. Das bedeutet, die weiblichen Breitrandschildkröten sollten deutlich in der Überzahl sein, damit ein einzelnes Weibchen nicht dauernd den teilweise sehr heftigen Paarungsattacken der Männchen ausgesetzt ist. Beim Kauf junger *Testudo marginata* ist es natürlich ein Glücksspiel, ein richtiges Geschlechterverhältnis zu erzielen, denn um das Geschlecht der Tiere eindeutig zu bestimmen, müssen mehrere Jahre vergehen. Dennoch können drei bis vier Tiere unbekannten Geschlechtes den Grundstock für eine intakte Schildkrötengruppe bilden und Ihnen viel Freude und interessante Beobachtungen bei der Aufzucht bereiten. Zeichnet sich nach mehreren Jahren ab, aus welchem Geschlechterverhältnis ihre kleine Gruppe besteht, kann durch Tausch oder Neuerwerb einzelner Exemplare die Gruppenzusammenstellung korrigiert werden. Soll mit den Schildkröten gezüchtet werden, ist es sehr wichtig, blutsfremde Tiere zu kaufen, um später Inzuchtprobleme bei den Nachzuchten zu vermeiden. Der Züchter oder Zoofachhändler Ihres Vertrauens wird Ihnen sicherlich anbieten, auch nach dem Erwerb für Rückfragen aller Art zur Verfügung zu stehen. Außerdem wird er Ihnen wichtige Tipps zur Ernährung und zur richtigen Unterbringung Ihrer neuen Pfleglinge mitgeben.

## Transport

Am einfachsten transportieren Sie junge Breitrandschildkröten in einer kleinen Styroporkiste, die Sie großzügig mit Moos, Laub oder Heu gepolstert haben, damit sich die Tiere verstecken können und während das Transportes nicht hin und her rutschen. Natürlich muss darauf geachtet werden, dass den Tieren genügend Atemluft zur Verfügung steht. Insofern ist es wichtig, in den Deckel der Transportkiste kleine Löcher zu bohren. Auch größere Temperaturschwankungen müssen vermieden werden. Insbesondere besteht bei längeren Autofahrten die Gefahr der Überhitzung, wenn das Behältnis mit den Schildkröten der Sonnenstrahlung ausgesetzt ist. Größere Breitrandschildkröten transportieren Sie am besten einzeln verpackt, damit sich die Tiere nicht verletzen. Besonders empfehlenswert ist es, die Schildkröte in einen locker verschlossenen Leinenbeutel zu geben und das so verpackte Tier in eine nicht zu große Kiste zu setzen. Auch hier sollte dringend darauf geachtet werden, dass das Tier keinen unnötigen Erschütterungen oder einem unkontrollierten Hin und Herrutschen oder allzu großen Temperaturschwankungen ausgesetzt ist.

## Quarantäne

Jeder Neuzugang, besonders, wenn er mit bereits vorhandenen Schildkröten vergesellschaftet werden soll, sollte unbedingt eine gewisse Quarantänezeit von bis zu über einem Jahr hinter sich bringen. Lassen Sie den Kot neu erworbener Tiere auf Parasiten untersuchen und das Tier nach einem allgemeinen Gesundheits-Check gegebenen-

Eine neuerworbene *Testudo marginata*, die bei guter Gesundheit ist, wird ihr neues Zuhause aufmerksam wahrnehmen. Das Tier muss sich in seiner neuen Umgebung orientieren, um zu seiner gewohnten Sicherheit zurückzufinden.

falls von einem reptilienkundigen Tierarzt behandeln. Auch um die Ausbreitung ansteckender Krankheiten wie der gefürchteten, tödlichen Herpesinfektion oder anderer Infektionen zu vermeiden, ist eine längere Quarantäne unumgänglich. Ein qualifizierter Tierarzt wird Ihnen, nachdem er sicher ist, dass der Neuzugang kein Risiko für Ihre bereits vorhandenen Schildkröten darstellt, grünes Licht geben, wenn die neu erworbene Schildkröte gesund ist und sie ihr künftiges Leben in Ihrem liebevoll gestalteten Gehege antreten kann. Wenn es sich bei den neu erworbenen Breitrandschildkröten um Ihre ersten Schildkröten handelt und diese noch dazu vom gleichen Züchter gekauft wurden, müssen Sie natürlich keine separate Quarantänemöglichkeit parat haben. Handelt es sich jedoch um ein oder mehrere Exemplare, die mit bereits vorhandenen Schildkröten vergesellschaftet werden sollen, ist es notwendig, bereits vor der Anschaffung des Neuzuganges ein Quarantänegehege zu errichten. Es gibt leider immer wieder Berichte, dass einzelne Pfleger ganze Schildkrötengruppen verloren haben, weil ein neuerworbenes Tier Krankheiten eingeschleppt hat, die sich schnell auf die ganze Gruppe übertragen haben. Vorsicht, strikte Trennung, medizinische Kontrolle und peinliche Hygiene sind hier also die besten Vorbeugemaßnahmen.

## Eingewöhnung

Bereits in der Artenbeschreibung habe ich erwähnt, dass Breitrandschildkröten sehr reviertreue Tiere sind. Daher ist es nicht verwunderlich, dass viele, vor allem ausgewachsene *Testudo marginata*, die in ein neues Gehege verbracht werden, einige Zeit benötigen, um dieses auch als ihr Revier anzuerkennen. Für die Schildkröte ist es wichtig zu wissen, wann sie wo den besten Sonnenplatz vorfindet, wo sie bevorzugtes Futter findet und wo ihr Wasser zur Verfügung steht. Den Tieren muss bekannt sein, wo sie bei Gefahr Deckung suchen können und wo sie sich vor kalter Witterung oder nachts am besten zurückziehen können. Junge Breitrandschildkröten, die in ein kleines Gehege versetzt werden, haben mit der Eingewöhnung in der Regel keine Schwierigkeiten. Beobachten Sie die Tiere vor allem in den ersten Tagen aufmerksam. Es kann nicht schaden, wenn Sie die Tiere gelegentlich ans Trinkgefäß oder an den Eingang des Schildkrötenhauses setzen, um ihnen so die vorhandene Gehegeeinrichtung zu zeigen. Meist erkunden junge Breitrandschildkröten ihr neues Zuhause neugierig und haben oft schon nach wenigen Tagen begriffen, wie ihr neues Umfeld beschaffen ist. Als Gewohnheitstiere werden sie daher mit einiger Regelmäßigkeit eine Lebensroutine

Interessiert wird die neue Schildkröte ihr Gehege erkunden, um herauszufinden, wann sie wo Futter, Sonne, Schatten und Schutz finden kann. Lassen Sie dem Tier dabei Zeit. Beobachten Sie es aufmerksam, aber stören Sie es nicht durch häufiges Anfassen.

Fängt der neue Pflegling an, mit gutem Appetit zu fressen, ist die wichtigste Hürde genommen.

aufnehmen, die, wie Sie als Pfleger bald feststellen werden, eng an die klimatischen Faktoren des Geheges und an die Jahreszeit geknüpft ist. Kommt es dazu, dass die neuen Schildkröten auch nach ein bis zwei Wochen ihr Schildkrötenhaus nicht selbstständig aufsuchen und sie sie allabendlich einsammeln müssen, sollten Sie den Standort des Schildkrötenhauses überprüfen. Alle Schildkröten nächtigen gerne dort, wo morgens die erste Sonne hinscheint. Bei älteren Tieren, insbesondere bei geschlechtsreifen Weibchen, die, bevor sie gekauft wurden, lange Zeit im gleichen Gehege gelebt haben, kann die Zeit der Eingewöhnung kritisch werden. Ein Platzwechsel bedeutet für solch ein Tier den gänzlichen Verlust jeglicher gewohnter Sicherheit und es kann dauern, bis sich ein neues Weibchen wirklich bei Ihnen eingelebt hat. Hier ist aufmerksames Beobachten besonders wichtig, um notfalls eingreifen zu können, wenn der Stress des Umzuges für das Tier gesundheitliche Probleme mit sich bringt. Ich kann hier nur raten, als erste Maßnahme den Kot im Abstand von mehreren Wochen auf Parasiten untersuchen zu lassen. Es muss nicht sein, aber es kann sein, dass eine adulte *Testudo marginata* erst einmal mit Futterverweigerung und Rückzug in eine dunkle, kalte Ecke auf einen abrupten Wechsel ihrer Lebensumstände reagiert. Ein Gehegewechsel kann für ausgewachsene Tiere bis hin zu einer Schwächung des Immunsystems

Manche Breitrandschildkröten reagieren sehr beleidigt auf einen Gehegewechsel und suchen sofort nach einer Rückzugsmöglichkeit.

führen, in dessen Folge zum Beispiel Darmparasiten oder Keime eine gute Gelegenheit finden, sich explosionsartig zu vermehren und der Schildkröte dadurch stark zusetzen. Daher muss besonders der Futteraufnahme eines neuen Tieres aufmerksame Beachtung geschenkt werden. Wenn die Schildkröte die Nahrungsaufnahme einstellt, ist die Konsultation eines reptilienkundigen Tierarztes unumgänglich. Man sollte auch stets im Auge behalten, dass eine weibliche Schildkröte unter Umständen ihre eventuell vorhandenen Eier nicht ablegt, sondern diese aus Unsicherheit über die neue Lebenssituation zurückhält, was zu einer Legenot führen kann. Eine Gewissheit darüber, ob so etwas vorliegt, wird am ehesten durch Röntgenbilder erreicht. Hier muss immer ein Tierarzt helfen. Selbstverständlich gibt es auch ausgewachsene Weibchen, die mit einer offenbar großen Gelassenheit auf einen Gehegewechsel reagieren. Hier gibt es bei den Tieren oftmals individuell starke Unterschiede. In jedem Fall ist es wichtig, dem Tier einerseits zu helfen, seine neue Umgebung zu erkunden und zu akzeptieren, gleichzeitig aber darauf zu achten, es nicht durch permanentes Anfassen noch mehr unter Stress zu setzen. Hier ist Fingerspitzengefühl gefragt. Es sind Einzelfälle bekannt, in denen ausgewachsene weibliche *Testudo marginata* mehrere Jahre benötigt haben, um ein neues Revier wirklich als das eigene anzuerkennen.

# Haltung im Freiland

## Das Schildkrötenhaus

Breitrandschildkröten sind Wildtiere, die für ein gesundes, natürliches Leben am besten im Freiland untergebracht werden. Natürlich darf man die Tiere nicht ungeschützt unserem mitteleuropäischen Klima aussetzen, sondern sollte stets darauf bedacht sein, sowohl in der Gestaltung des Schildkrötengeheges als auch in der Unterkunft der Tiere eine mediterrane Landschaft und ein mediterranes Klima nachzuahmen, in dem sie ursprünglich beheimatet sind und das sie für ihre Lebensfunktionen auch benötigen. Ein mediterranes Klima lässt sich relativ leicht mit Hilfe von soliden Frühbeetkästen oder Gewächshäusern mit einer eventuellen Zusatzbeheizung schaffen. Hier finden die Tiere nachts und in den nasskalten Perioden des Sommers, vor allem aber im Frühjahr und Herbst eine Abmilderung unseres mitteleuropäischen Klimas. Voraussetzung ist natürlich die Wahl des Standortes für ein solches Schildkrötenhaus. Es sollte möglichst ganztägig besonnt sein, um den Tieren bereits früh am Morgen erste Sonnenbäder zu ermöglichen. Ein vernünftiges Schildkrötenfrühbeet oder Gewächshaus muss stabil gebaut sein und sollte Doppelstegplatten von mindestens 16 mm Stärke aufweisen und idealerweise UV lichtdurchlässig sein. Derartige Frühbeetkästen oder Gewächshäuser gibt es von verschiedenen Herstellern in verschiedenen Größen und Ausführungen. Der gut sortierte Gartenfachhandel oder ein Wintergartenhersteller wird Sie hier ausführlich beraten. Für eine Gruppe von drei bis vier ausgewachse-

Stabile Frühbeete mit möglichst UV durchlässigen Doppelstegplatten ermöglichen es, *T. marginata* auch in Mitteleuropa erfolgreich im Freiland zu halten.

nen Breitrandschildkröten halte ich ein Frühbeet von circa zwei Quadratmetern Grundfläche für ausreichend. Für eine kleine Gruppe Jungtiere reicht ein Frühbeet von einem Quadratmeter Innenfläche. Montiert man diesen Frühbeetkasten auf einen im Erdreich vergrabenen und isolierten Sockel und spart dabei einen Eingang für die Tiere aus, der tunnelartig ein selbstständiges Aufsuchen und Verlassen der Unterkunft ins angrenzende Freigehege ermöglicht, ist das wichtigste Element in Ihrem Schildkrötengehege errichtet. Ich bevorzuge als Sockelkonstruktion Holzbalken von 15 x 15 cm Stärke, die mit Styropor ummantelt und anschließend mit Teichfolie bezogen und somit vor Feuchtigkeit geschützt werden. Diese Holzbalken werden so eingegraben, dass ihre obere Seite auf dem Erdniveau des restlichen Geheges liegt. Somit steht dann auch das darauf montierte Frühbeet auf Erdgleiche. Holz schätze ich deswegen, da es die Kälte nicht so leitet, wie zum Beispiel Stein oder Beton. Ein weiterer Punkt, den es zu beachten gilt, sind Mäuse und Ratten. Diese können ruhenden Schildkröten gefährlich werden. Insofern empfiehlt es sich, circa 60 bis 80 cm unter dem Frühbeet oder Gewächshaus und senkrecht am Sockel bis in diese Tiefe hinunter engmaschiges Drahtgeflecht zu verlegen, um den Nagern ein Durchkommen unmöglich zu machen. Im Inneren meiner Frühbeetkästen befinden sich mit Styropor isolierte und mit Teichfolie umman-

Eine Frühbeetanlage sollte von den Tieren selbständig aufgesucht oder verlassen werden können. Idealerweise ist der Eingang nach Osten oder Südosten ausgerichtet

Im Inneren meiner Frühbeete befinden sich aus Holz gebaute Schutzhütten, die nach unten offen sind und 40 cm tief in die Erde reichen. Diese Hütten sind mit Styropor und Teichfolie bezogen. Die Frühbeete selbst ruhen auf mit Styropor isolierten und Teichfolie bezogenen Holzbalken, die als Fundament dienen.

Reichlich Streumaterial im Inneren der Schutzhütten ist vor allem im Frühling und Herbst wichtig.

Wer handwerklich geschickt ist, kann auch selbst eine Frühbeetanlage bauen. Dieses Frühbeet hat Seitenwände aus Lärchenholz und ist oben mit 16 mm Alltop Platten abgedeckt.

telte Schutzhütten aus Holz, die in der Größe etwa ein Drittel der Frühbeetfläche ausmachen und die eine zusätzliche Wärmedämmung garantieren. Diese Schutzhütten sind circa 40 cm tief ins Erdreich eingegraben und reichen oberirdisch bis knapp unter den Frühbeetdeckel. Sie sind mit schimmelfreiem Material gefüllt, in das sich die Tiere eingraben können. Als Füllmaterial benütze ich Buchen- und Obstbaumlaub, was sich auch für die Überwinterung bestens bewährt. Der natürlichste, gesündeste und gleichzeitig preiswerteste Bodengrund im Schildkrötenhaus und in der Schutzhütte ist ganz normale Gartenerde. Schwere, lehmige Böden kann man dabei mit etwas Sand aufbessern. Um über den Temperaturverlauf im Schildkrötenhaus auf dem Laufenden zu sein, messe ich regelmäßig die Temperaturen im Inneren der Schutzhütte, im Inneren des Frühbeetes und auch im Freiland. Es ist

Auch im Inneren dieses Holzfrühbeetes ist eine Schutzhütte eingebracht.

erstaunlich, wie groß die Unterschiede sind. Während des Tages heizt sich der Innenraum des Frühbeetes stark auf und erwärmt auch die Erde im Inneren sowie im Inneren der Schutzhütte. So kommt es, dass meine Tiere im Vergleich zum tatsächlichen Freiland mit Hilfe ihrer Häuser sehr warm untergebracht sind. Erstaunlich ist auch, dass an bedeckten Tagen ohne direkten Sonnenschein die Strahlungswärme auszureichen scheint, um die Schildkrötenhäuser stark zu erwärmen. Selbst kalte Frühjahrs- und Herbstnächte werden auf diese Weise drastisch abgemildert, sodass meine Tiere auch in diesen bei uns oftmals so rauen Jahreszeiten ungestört und ohne Gehegewechsel ihre gesamte Aktivitätsperiode, meist Anfang März bis Mitte November, im Freiland verbringen können. Ich kann hier also nur jedem Schildkrötenpfleger den Rat geben, die Temperaturen regelmäßig zu überwachen, um herauszufinden, wie sich der Wärmehaushalt der Schildkrötenhäuser gestaltet. Das kann von Region zu Region sehr unterschiedlich sein. Für warme Tage ist es sehr wichtig, dass solche Frühbeete für Jungtiere, die je nach Unterbringung eventuell nicht selbständig ins Freiland ausweichen können, ausreichend gelüftet werden.

Ebenso sind Gewächshäuser hervorragend geeignet, um Breitrandschildkröten ein möglichst mediterranes Klima zu schaffen. Hier ein stabiles, tunnelförmiges Gewächshaus, das den Vorteil bietet, dass den Tieren im Inneren eine größere Lauffläche zur Verfügung steht.

Im Inneren dieses Gewächshauses sind liebevoll gebaute, massive Schutzhütten für die kälteren Tage des Jahres.
Zur Gestaltung des Bodengrundes wäre normale Gartenerde allerdings geeigneter und natürlicher als Holzspäne.

Bereits wenige Sonnenstrahlen reichen aus, um im Inneren enorme Temperaturen zu erzeugen, die eingeschlossenen Tiere schnell gefährlich werden können. Daher ist es ratsam, bei solchen Frühbeeten, die nicht mit einer dauernd offenen Eingangstür versehen sind, einen automatischen Lüfter einzubauen, der den Deckel des Frühbeetes oder Teile des Gewächshausdaches anhebt, um so die Temperatur zu regulieren. Als Richtlinie für den Temperaturhaushalt von Breitrandschildkröten kann man sagen, dass die Tiere tagsüber die Möglichkeit haben sollten, während eines Sonnenbades eine Körpertemperatur von 30 bis 34 °C zu erreichen. Diese Angaben gelten für die Sommermonate. Im Frühjahr und Herbst liegt die Körpertemperatur der Tiere niedriger und es ist ein natürliches Verhalten der Breitrandschildkröten, in diesen Jahreszeiten wesentlich länger in der Sonne zu verweilen, um sich aufzuwärmen. Auch die Körpertemperatur freilebender Breitrandschildkröten erreicht das sommerliche Maximum in den Frühjahrs- und Herbstmonaten nicht regelmäßig und bewegt sich oftmals nur knapp über 20 °C. Daher sollte man vor allem zu diesen Jahreszeiten den natürlichen Temperaturverlauf beachten und nicht durch ein Zuviel an Heizung störend auf die Jahreszeit einwirken.

## Zusatzheizungen

Je nach Jahreszeit, Region und Wetter kann es dennoch, trotz gut isoliertem Schildkrötenhaus, notwendig werden, eine zusätzliche Heizquelle zu installieren. Zu empfehlen sind hier Wärmestrahler oder auch Dunkelstrahler, wie sie in der Aufzucht von Küken Anwendung finden. Daher sollten

Auch mit dünnwandigeren Gartengewächshäusern kann man den Tieren mit ein wenig Zusatzaufwand ein geeignetes Zuhause schaffen.

Sie bereits bei der Planung eines Geheges für Breitrandschildkröten eine Stromversorgung des Schildkrötenhauses in Betracht ziehen. Selbstverständlich ist darauf zu achten, dass alle elektrischen Einrichtungen entsprechend gesichert sind. Ein Zuviel an Heizung ist allerdings in meinen Augen eher schädlich als nützlich. Ich meine, man sollte den natürlichen Temperaturschwankungen immer Rechnung tragen. Auch in den Heimatländern der Tiere gibt es manchmal kurze Kaltperioden, die die Tiere mit verringerter Körperaktivität verschlafen. Nur wenn diese Kaltperioden zu lange dauern, wie es in einem verregneten deutschen Frühjahr oder Sommer durchaus vorkommt, ist eine Zusatzheizung sinnvoll. Bedenken

Die Tiere können dieses Gewächshaus durch einen tunnelartigen Eingang selbständig verlassen und aufsuchen.

Es obliegt immer den individuellen Vorlieben des Gartenbesitzers, wie er sein Freilandgehege für Breitrandschildkröten gestaltet. Die natürlichen Bedürfnisse der Tiere müssen dabei jedoch stets berücksichtigt werden. Hier einer der Hügel im Gehege, der im Frühjahr noch nackt und kahl ist ...

... während schon wenige Wochen später im Jahr eine üppige Vegetation das Schildkrötengehege in ein grünes Paradies verwandelt.

Sie dabei aber, dass es nicht gesund für die Tiere sein kann, wenn sie die Möglichkeit haben, aus dem übermäßig aufgeheizten Schildkrötenhaus ins drastisch kühlere Freiland zu laufen. Hier kommt es häufig zu Erkältungskrankheiten. Auch passive Wärmespeicher, wie warme Steine, die sich tagsüber aufheizen, oder mit warmem Wasser gefüllte Fahrradschläuche, die an der Rückwand des Schildkrötenhauses befestigt werden, oder einfach Kanister mit warmen Wasser geben oftmals ausreichend Wärme ab, um das Klima auch ohne aktive Heizquelle zu mildern. Eine allgemein gültige Regel zur Wärmeregulierung eines Schildkrötenhauses kann man meiner Meinung nach nicht benennen. Von Region zu Region kann auch in Deutschland das Klima so sehr variieren, dass jeder Schildkrötenhalter für sein eigenes Gehege die beste Lösung individuell finden muss. Alleine schon der idealste Standort des Schildkrötenhauses im Garten kann Temperaturunterschiede im Vergleich zu einem weniger geeigneten Standort bewirken.

### Das Schildkrötenfreigehege

Das Frühbeet oder Gewächshaus ist natürlich nur ein Teil der Breitrandschildkrötenanlage. Hier finden die Tiere Unterschlupf bei schlechtem oder kalten Wetter und für die Nacht. Um aber in einer naturnahe gestalteten Landschaft ein normales Verhalten zu zeigen, muss ein entsprechendes Gehege gebaut werden. Dazu sollte ein nicht zu kleines Stück des Gartens rund um das Frühbeet oder Gewächshaus solide eingezäunt werden. Für mehrere Babyschildkröten reichen natürlich wenige Quadratmeter, die zusätzlich an der Oberseite mit Draht gegen Raubzeug gesichert werden sollten, denn vor allem Krähen und Elstern sind gierig auf kleine Schildkröten. Aber auch Marder und Füchse oder wildernde Hunde können gefährlich werden. Als Einfriedung haben sich verschiedenste Materialien, wie Holzpalisaden, Natursteinmauern oder ein schlichter Bretterzaun bewährt. Hochkant eingegrabene Gartenfließen erfüllen den Zweck ebenso wie eine gemauerte und verputzte niedrige Ziegelwand. Welche Art der Einfriedung man auch wählt, besonderer Wert muss auf die Ausbruchsicherheit gelegt werden. Breitrandschildkröten sind trotz ihres massigen Körpers geschickte Klet-

Besondere Sorgfalt muss für die Einzäunung eines Breitrandschildkrötengeheges aufgewendet werden. Hier verhindert ein Holzzaun, dass die Tiere Zugang zum angrenzenden Gartenteich finden.

Auch ein sonniger Dachgarten kann zu einem attraktiven Gehege für Breitrandschildkröten umgebaut werden. Der Vorteil liegt in einem Maximum an Sonneneinstrahlung und einem erschwerten Zugang für potentielle Räuber.

terer. Insofern ist auf eine ausreichende Höhe der Umzäunung zu achten. Weniger als 40 cm sollte die Umfriedung für ausgewachsene Tiere nicht haben, um bösen Überraschungen vorzubeugen. Ein Untergraben der Einfriedung, wie es bei anderen Testudo Arten häufig beschrieben wird, konnte ich bei meinen Breitrandschildkröten nie beobachten. Dennoch ist es ratsam, dafür Sorge zu tragen, dass die Gehegeeinzäunung ungefähr 15 cm in den Boden eingelassen ist. Besondere Aufmerksamkeit muss man auch den Ecken des Schildkrötengeheges schenken. Hier bieten sich durch mehr oder weniger steile Winkel oftmals Gelegenheiten zur Flucht, wenn sich ein Tier auf den Hinterbeinen stehend mit einem Klimmzug aus dem Gehege ziehen kann. Eine schräge Leiste über den Ecken kann das auf einfache Weise verhindern. Es gibt zahlreiche Möglichkeiten, ein Schildkrötengehege naturnah und abwechslungsreich zu gestalten. Wie bereits oben erwähnt, ist für die sonnenhungrigen *Testudo marginata* eine möglichst sonnenexponierte Lage zu wählen. Idealerweise würde sich ein Südhang anbieten. Das jedoch ist natürlich grundstücksabhängig und nicht für jeden Schildkrötenhalter zu verwirklichen. In jedem Fall aber sollte man darauf achten, dass bereits früh am Morgen große Teile des Schildkrötengeheges, vor allem aber das

Je abwechslungsreicher die Vegetation und der Bodengrund sind, um so reizintensiver wird das Gehege für die Tiere und sie können ein naturnahes Verhalten zeigen. Schildkröten sind keine langweiligen Tiere!

Schildkrötenhaus in der Sonne liegen. Auch Abendsonne ist für Breitrandschildkröten wichtig. Im Hochsommer genießen sie oft noch zu vorgerückter Stunde die letzten Sonnenstrahlen. In den Monaten Juni und Juli sind in meinem Garten oft bis gegen 21:00 Uhr weidende Breitrandschildkröten zu sehen. Die Größe eines Geheges für Breitrandschildkröten ist abhängig von den Platzmöglichkeiten des Pflegers. Für eine kleine Gruppe von Jungtieren reichen natürlich wenige Quadratmeter, die mit den Jahren allmählich erweitert werden. Grundsätzlich aber kann gesagt werden, dass ein Gehege für ausgewachsene Breitrandschildkröten selten zu groß ist. Platz ist wichtig, um dem enormen Bewegungsdrang der Tiere entgegenzukommen und, um eine möglichst abwechslungsreiche Landschaft zu gestalten, die den Tieren ein natürliches Verhalten ermöglicht. Je mehr Tiere in einem Gehege gepflegt werden, umso größer sollte es sein. Das Vorbild ist hier immer die Natur. Ich persönlich bin der Meinung, dass wenige Breitrandschildkröten in einem großen, abwechslungsreichen Gehege ein besseres Leben führen, als viele Tiere, die eng aufeinander sitzen. Bei genügend Platz und abwechslungsreicher Gehegestruktur hat jedes Tier die Möglichkeit, sich vor anderen Schildkröten zu verbergen oder auch deren Nähe aufzusuchen. Nichts aber ist ungeeig-

Pflanzen wie blühender Lavendel sind nicht nur eine Augenweide, sondern schaffen den Tieren auch die Möglichkeit, Verstecke im lichten Schatten zu finden.

neter für die Haltung von Breitrandschildkröten, als ein Stück eingezäunter und kurzgehaltener nackter Rasen ohne irgendwelche Abwechslung, selbst wenn dieses Stück noch so groß ist. Stattdessen sollte die Fläche, die den Tieren zur Verfügung steht, wild und naturnah sein. Selbst kleine Gehege kann man mit genügend Abwechslung und Wildwuchs für die Tiere attraktiv machen und eine zusätzliche Zierde im Garten erschaffen. Daher empfiehlt es sich, innerhalb des eingezäunten Geheges verschiedene Zonen zu errichten. Auf flachen Grundstücken sollte man nach Süden geneigte und mit großen, wärmespeichernden Steinen versehene Hügel zum Sonnenbaden, Klettern und für die Eiablage errichten. Auch dem Bedürfnis der Tiere nach Schatten spendenden Gewächsen muss Rechnung getragen werden, denn Breitrandschildkröten halten sich an heißen Tagen gerne im lichten Schatten von Hecken oder Sträuchern auf. Ein Stück wildwachsende Blumenwiese innerhalb des Geheges dient der artgerechten Ernährung. Leicht trocknender Kiesuntergrund an manchen Stellen, bevorzugt vor den Eingängen der Schildkrötenhäuser, gewährleistet, dass die Schildkröten auch nach bei uns häufig nasskalten Perioden außerhalb des Schildkrötenhauses geeignete Sonnenplätze finden können, um ungefiltertes Sonnenlicht aufzunehmen. Je mehr Abwechslung ein Gehege bietet, umso natürlicher ist das Verhalten der Tiere. Horstbildende Gräser ermöglichen den Tieren, sich vor ungewollten Blicken zu schützen und gleichzeitig im lichten Schatten ein Sonnenbad zu nehmen. Insgesamt aber ist bei der Vegetation auf eine gewisse Robustheit zu achten, denn die schweren Tiere trampeln vor allem im Frühjahr, wenn Stauden austreiben, diese oft nieder. Besonders bewährt haben sich in meinem Garten Lavendel- und Salbeibüsche, große Frauenmantelhorste und verschiedene Ziergräser sowie Gartenpalmen und Steingartenpflanzen zwischen verschiedenen Steinformationen, die nicht nur ein mediterranes Flair mit sich bringen, sondern den Tieren auch einen naturgemäßen, unebenen Untergrund erschaffen. Dazwischen wachsen auch ganz normale Gartenstauden, wie Topinambur, Pfingstrosen und Liliengewächse. Die Gestaltung eines Geheges für Breitrandschildkröten ist also auch eine gärtnerische Herausforderung. Der Kreativität in der Gartengestal-

Damit die Tiere nach Regengüssen schnell trocknende Flächen vorfinden, sind hier rund um die Frühbeete Kiesflächen angelegt, die mit niederem Lavendel bepflanzt sind, sodass die Tiere während eines Sonnenbades Deckung finden.

Junge Stauden wie hier der frische Austrieb von Pfingstrosen können im Frühling leicht von den massigen Tieren niedergetrampelt werden.

Dafür dass auch das menschliche Auge erfreut wird, sorgen mediterrane Kübelpflanzen wie Olive und Orange.

tung ist eigentlich bei der Errichtung eines Marginata Geheges keine Grenze gesetzt. Möglichst natürlich für die Tiere sollte es sein und möglichst attraktiv für das menschliche Auge. Das ist wohl der gelungenste Kompromiss in der Haltung von Wildtieren unter menschlilcher Obhut. Zur Bepflanzung des Geheges möchte ich noch anmerken, dass giftige Pflanzen wie Eiben, Rhododendren oder Zierkürbispflanzen aus dem Gehege der Breitrandschildkröten verbannt werden müssen. Eine Richtlinie, welche Pflanzen geeignet sind, bieten aber oft schon die Pflanzen selbst. Alle mediterranen Landschildkröten leben auf kalkreichen Böden. Insofern sind auch viele Pflanzen, die Kalk lieben, zur Gehegebepflanzung geeignet.

Je nach Größe des Gartens und dem Geschmack des Besitzers kann man unterschiedliche Landschaften nachahmen.

Breitrandschildkröten sollten stets die Möglichkeit haben, eigenständig auf Nahrungssuche zu gehen. Dass sie dabei über Stock und Stein klettern müssen, entspricht ihrem natürlichen Verhalten.

Oft erkennen die Schildkröten auch für sie ungenießbare Pflanzen und lassen diese unbeachtet. Die Natur hat die Breitrandschildkröten hier mit einem guten Instinkt ausgestattet. Treffen die Tiere allerdings auf Pflanzen, denen sie in ihrem natürlichen Lebensraum niemals begegnen würden, wie zum Beispiel Moorbeetpflanzen, kann es unter Umständen zu Vergiftungen kommen, da den Tieren ein entsprechender Instinkt fehlt. Die Evolution hatte einfach niemals die Absicht, Breitrandschildkröten da anzusiedeln, wo torfliebende Moorbeetpflanzen wachsen. Verzichten Sie daher bitte auf Moorbeetpflanzen wie Rhododendren, Azaleen oder Ähnliches im Gehege der Breitrandschildkröten.

## Die Pflege des Schildkrötengeheges

Pflegt man Breitrandschildkröten, hat man in der Regel weniger mit der Pflege der Tiere zu tun, als vielmehr mit der Pflege des Geheges. Die Ausscheidungsprodukte der Tiere müssen regelmäßig entfernt werden, die Fütterung muss erfolgen, das Trinkgeschirr muss gereinigt und gefüllt werden. Aber auch die Pflanzen im Gehege bedürfen der Aufmerksamkeit des Pflegers. Auch die Gehegeeinfriedung und das Frühbeet oder Gewächshaus müssen regelmäßig auf ihre Tauglichkeit überprüft werden. Die meisten passionierten Schildkrötenhalter wissen, dass ein Schildkrötengehege niemals wirklich fertig ist. Nur sollte man speziell bei

In vertrauter Umgebung fühlen sich die Tiere sicher. Bei Gefahr verharren sie ruhig und sind oft mit Hilfe ihrer Panzerfärbung hervorragend an die Umgebung angepasst.

Die Reviertreue der Tiere zeigt sich oft dadurch, dass einzelne Exemplare immer wieder gerne dieselben Stellen als Versteck nutzen.

ausgewachsenen Breitrandschildkröten darauf achten, größere Umbauten über größere Zeiträume zu verteilen oder in das zeitige Frühjahr oder den späten Herbst zu verlegen. Dann nämlich sind die Tiere weniger aktiv. Vor allem weibliche Breitrandschildkröten können es sehr übel nehmen, wenn sie in ihrer gewohnten Umgebung zu sehr gestört werden oder sich plötzlich nicht mehr zurechtfinden. Man kann sagen, die Tiere schätzen größere Veränderungen nicht sehr.

Neben den Pflegearbeiten rund um das Schildkrötengehege muss man natürlich auch die Schildkröten selbst von Zeit zu Zeit begutachten, sie vor allem in den Paarungszeiten auf Verletzungen untersuchen und ihren allgemeinen Gesundheitszustand überwachen. Der geübte Pfleger, der seine Tiere kennt, kennt jedoch auch bald deren Gewohnheiten und kann mit relativer Sicherheit am Verhalten der Tiere erkennen, ob sie gesund sind. Der größte Pflegeaufwand, den ich persönlich in meinem Garten auszuüben habe, aber liegt in der Erhaltung einer möglichst großen Vielfalt an Wildpflanzen oder Unkräutern, wie der Gärtner sie oft lieblos nennt. Breitrandschildkröten sind gewaltige Fresser und ist man nicht stets darauf bedacht, Unkräuter anzusiedeln und zu erhalten, bleibt bald nur noch nacktes Gras.

Solch knorrige Wurzelstöcke im Gehege sehen nicht nur gut aus, sie dienen auch als Unterschlupf oder werden gerne überklettert.

## Ernährung

Einer der wichtigsten Faktoren zur Gesunderhaltung von Wildtieren in ihrem Zuhause ist die artgerechte Ernährung. Neben der meist unzureichenden Unterbringung von Schildkröten ohne ausreichende Wärmeversorgung oder falsche Überwinterungsmethoden ist Fehlernährung leider immer noch einer der Hauptgründe, weshalb es in der Haltung von Europäischen Landschildkröten unter menschlicher Obhut zu vermeidbaren Erkrankungen und sogar Todesfällen kommt. Auch wenn mittlerweile sehr viel über die Ernährungsgewohnheiten freilebender Europäischer Landschildkröten bekannt ist, hört man dennoch auch heute noch überholte und falsche Ratschläge zur richtige Ernährung. Dies ist vor allem für Neueinsteiger in der Haltung und Pflege von Europäischen Landschildkröten verwirrend, sodass nicht oft genug darauf hingewiesen werden kann, dass Europäische Landschildkröten rein pflanzenfressende Tiere sind. Sie besitzen einen Verdauungstrakt, der darauf spezialisiert ist, extrem eiweißarme und rohfaserreiche Nahrung zu verwerten. Daraus ergeben sich wichtige

Artgerechte Ernährung ist eine der wichtigsten Voraussetzungen, um Breitrandschildkröten in menschlicher Obhut bei guter Gesundheit zu halten.

Hinweise für die Fütterung von Breitrandschildkröten unter menschlicher Obhut. In ihren Heimatländern sind Breitrandschildkröten darauf angewiesen, sich von dem zu ernähren, was ihnen wild wachsend zur Verfügung steht. Das sind in erster Linie magere Wildkräuter. Gemüse, Fleisch und exotische Früchte, Milch, Brot oder andere für Menschen geeignete Nahrungsmittel stehen trotz immer wieder anders lautenden Aussagen nicht auf ihrem Speiseplan.

Bedenkt man, dass Breitrandschildkröten in der heute bekannten Form bereits existierten, ehe die Menschen der Antike ihre griechischen Stadtstaaten gründeten, dann wird klar, dass die Evolution eine Ernährung mit Gemüse und Milchprodukten, exotischen Früchten oder Brot nicht eingeplant haben kann. Hingegen haben sich die landbewohnenden Schildkröten Europas darauf spezialisiert, wild wachsende Wiesenpflanzen zu verwerten. Diese Pflanzen zeichnen sich durch einen hohen Gehalt an Rohfaser und im ausgewachsenen Stadium durch einen relativ geringen Anteil an Eiweiß aus. Zudem haben sie einen hohen Anteil an Calcium und einen niedrigen Anteil an Phosphor. Dieses Verhältnis von Calcium und Phosphor ist für Schildkröten mit ihrem ungewöhnlichen Körperbau von enormer Bedeutung. Um nur einige geeignete Futterpflanzen zu nennen, möchte ich Löwenzahn, Breitwegerich, Spitzwegerich, Wie-

Die Natur hält auch in Deutschland alles bereit, was Breitrandschildkröten für eine gesunde Ernährung benötigen. Bei einem Spaziergang über eine bunte Blumenwiese lässt sich das beste Schildkrötenfutter sammeln.

Wohl eine der begehrtesten Futterpflanzen ist Löwenzahn, der eigentlich überall wächst. Man sollte sich nur nicht verleiten lassen, ausschließlich Löwenzahn zu füttern. Eine gesunde Mischung unterschiedlichster Pflanzen garantiert, dass die Tiere keinen Mangel leiden.

Ebenso gesund und verträglich wie Löwenzahn ist Wiesenpippau, dessen harte Stängel ein guter Rohfaserlieferant sind.

Beim Gärtner meist sehr unbeliebt ist der Giersch oder in manchen Gegenden auch Gartenquecke genannt. In meinem Garten wurde diese Pflanze von den Schildkröten ausgerottet. Es handelt sich um eine ausgezeichnete Futterpflanze mit hohem Anteil an Calcium.

Gerne wird auch wilder Frauenmantel angenommen.

senpippau, Brennnesseln, Taubnesseln, verschiedene Klee- und Distelarten, Opuntien, Roseneibisch- und Nachtkerzenblüten oder Akeleien aufzählen. Die Natur hält uns Pflegern eine ganze Fülle von Pflanzen bereit, die der Gesundheit der Tiere zuträglich sind. Ein Spaziergang über eine bunte Blumenwiese bringt das geeignetste Schildkrötenfutter nach Hause. Breitrandschildkröten sind mit einem außergewöhnlich guten Appetit gesegnet und betrachtet man die Körpermasse einer ausgewachsenen *Testudo marginata* ist das auch nicht weiter verwunderlich. Finden die Tiere nicht ausreichend Nahrung in Form von Wildkräutern in ihrem Gehege, fressen Breitrandschildkröten im Gegensatz zu Griechischen Landschildkröten auch Gras in großen Mengen. In meinem Garten machen sie selbst vor der Hainbuchenhecke keinen Halt. Es ist wie gesagt, ein weit verbreiteter und offenbar schwer auszumerzender Irrtum, dass Europäische Landschildkröten Obst und Gemüse benötigen, um bei guter Gesundheit zu bleiben. Das Gegenteil ist der Fall. Zum einen sind die meisten Gemüsesorten reich an Eiweiß, zum anderen besitzen sie deutlich weniger Rohfaser als Wildpflanzen. Die von vielen Tieren so gerne gefressene Tomate ist besonders schädlich, da sie auch noch einen sehr hohen Anteil an Phosphor aufweist. Obst wiederum ist mit seinem hohen Anteil an Zucker schädlich für den Verdauungstrakt der Tiere, weil durch die langsame Passagezeit des Futters im Darm Gärungsprozesse ausgelöst werden. Sicherlich finden freilebende Schildkröten dann und wann auch Brombeeren oder wilde Erdbeeren oder selbst ein Stück Aas in der Natur. Doch ist das ein saisonal kurzfristiges, seltenes Angebot, das eher als seltenste Nahrungsergänzung, denn als tägliches Zubrot gesehen werden sollte, auf das man aufgrund der guten Futterversorgung in menschlicher Obhut eigentlich verzichten kann. Dauerhafte Ernährung mit ungeeignetem Futter führt bei Breitrandschildkröten zwangsläufig zu irreversiblen Nieren- und Leberproblemen. Das wollen leider viele Pfleger nicht glauben, denn den Tieren sieht man solche Leiden oft jahrelang nicht an. Als kleine Faustregel zur artgerechten Ernährung kann man sagen, dass jede Wildpflanze, mit Ausnahme von Ampferpflanzen, die in der Sonne getrocknet zu Heu wird, hervorragend als Futter geeignet ist. Salate oder Gemüse, die in der Sonne verderben sind ungeeignete Nahrungsmittel. Das Nahrungsangebot freilebender Breitrandschildkröten ist abhängig von der Jahreszeit. So ist in den Heimatländern von *Testudo marginata* vor allem im Frühjahr eine üppige, reichblühende Vegetation vorhanden, die aber oftmals schon im Frühsommer zu vertrocknen beginnt. Dann müssen sich die Tiere über die heißen Sommermonate hinweg mit trockenen, hartfaserigen Pflanzen begnügen. Darin ist ein großer Unterschied zur Vegetation in unserem feuchteren, mitteleuropäischen Klima zu finden. Bei uns mag in einem heißen Sommer auch einiges verdorren. Grundsätzlich aber sind unsere Wildpflanzen das ganze Jahr über mehr oder weniger saftig. Mit anderen Worten, bei uns finden die Tiere in der Regel ein Nahrungsüberangebot. Es ist also alleine aus diesem Grund schon unnötig, den Tieren zusätzliche Nahrung wie Obst oder Gemüse anzubieten. Stattdessen müssen wir versuchen, die artgerechte Ernährung mit Wildkräutern saisonal nachzuahmen. Wie oft und wie viel man füttern muss, hängt davon ab, was im Gehege

Schafgarbe von unbehandelten Wiesen kann den Speiseplan ergänzen. Die Kulturformen dieser Pflanze werden von meinen Breitrandschildkröten verschmäht.

Teufelskralle. Gefressen werden alle Pflanzenteile.

Ehrenpreis, der eigentlich in jedem Garten wächst, wird gelegentlich genascht.

Akeleien, die für andere Lebewesen schwach giftig sind, werden von Breitrandschildkröten gerne angenommen und gut vertragen.

Zu den wertvollsten Futterpflanzen überhaupt zählt die Brennnessel. Sie zeichnet sich durch einen hohen Gehalt an Calcium und geringen Phosphoranteil aus. Oft lassen die Tiere die Pflanze, ehe sie sie fressen, in der Sonne schlapp werden damit sie ihre brennende Wirkung verliert.

Auch verschiedene Distelarten zählen zum Speiseplan von *T. marginata*.

wächst. Die Tiere sollten in jedem Fall die Möglichkeit haben, sich nach Belieben satt zu fressen. Idealerweise aber müssen sie dafür aktive Wanderungen im Gehege unternehmen, um Futter zu finden. So werden sie animiert, ein natürliches Leben zu führen. Damit sie also aktiv auf Nahrungssuche gehen, ist es vorteilhaft, nicht, wie so oft propagiert, einen festen Futterplatz einzurichten, sondern das Futter im Gehege zu verteilen. Ich muss in meinem 130 Quadratmeter großen Gehege vor allem im Frühjahr, wenn noch nicht genügend wächst und auch im Herbst, wenn alles gemäht und abgeweidet ist, täglich frisch gesammeltes Grün auslegen. Während der Sommermonate füttere ich sparsamer, was nicht bedeutet, dass die Tiere deshalb weniger fressen. Sie sind dann nur nicht so wählerisch und geben sich auch mit Gräsern und Heu zufrieden. Würde ich nicht mehrmals pro Jahr Kräuter ansäen, wäre in meinem Gehege außer ungenießbaren Pflanzen nur noch nacktes Gras und selbst das ist schnell bis auf die Wurzeln abgenagt, siehe Bild unten. Alle gesammelten Pflanzen, die für den Verzehr durch die Schildkröten bestimmt

sind, sollten von ungedüngten und von Spritzmitteln verschonten Wiesen oder Gärten stammen, die fern von vielbefahrenen Straßen liegen. Dieses Wiesenfutter ist im Frühjahr frisch anzubieten, während es im Sommer durchaus in getrockneter Form geeignet ist. Vielfach hat die Futtermittelindustrie in den letzten Jahren speziell für die Bedürfnisse von Landschildkröten entwickelte Heucobs im Angebot, auf die jeder Pfleger, dem es aus Platz- oder Zeitgründen nicht möglich ist, eigenes Kräuterheu herzustellen, zurückgreifen kann. Diese Heucobs sind nichts anderes, als eine breite Mischung unterschiedlichster Gräser und Wildpflanzen, die getrocknet und gepresst sind. In normalem Wasser eingeweicht, werden sie von vielen Tieren gerne gefressen und selbst das Einweichwasser wird gerne getrunken.

### Vitamine und Calcium

Ein weiteres, häufiges Missverständnis liegt in der ausreichenden Vitaminversorgung und Calciumzufuhr für Breitrandschildkröten. Wird eine *T. marginata* ausschließlich mit Wiesenpflanzen in frischer und getrockneter Form ernährt, ist eine weitere Zugabe von Vitaminpräparaten unnötig, ja sogar gefährlich und kann zu Vergiftungen führen. Durch möglichst abwechslungsreiche Ernährung mit unterschiedlichen Wildpflanzen kann eine Breitrandschildkröte ihren Bedarf an Vitaminen und Spurenelementen exakt decken. Manchmal hat man beim Beobachten der Tiere den Eindruck, dass sie vermehrt von dieser oder jener Pflanze fressen. Hier liegt die Vermutung nahe, dass sie somit in erhöhter Weise gerade benötigte Inhaltsstoffe aufnehmen wollen um ihren

Ein besonderer Leckerbissen für alle Schildkröten ist die Fette Henne. Aufgrund ihres hohen Gehaltes an Oxalsäure sollte man sie allerdings nur in Maßen anbieten.

Auch Klee wird gerne gefressen. Alle Kleearten haben einen hohen Oxalsäuregehalt, der allerdings sinkt, wenn die Pflanzen einige Zeit in der Sonne liegen.

Wildwachsende Winden können gelegentlich verfüttert werden.

Die Kapuzinerkresse, deren Blüten von meinen Tieren gierig verschlungen werden.

Alle Malvengewächse sind wertvolles Futter. Am wertvollsten sind immer die Wildformen der Pflanzen.

Sukkulente Pflanzen werden von allen Landschildkröten gerne gefressen. Ich kultiviere solche Pflanzen wie verschiedene Hauswurzen oder Opuntien in Töpfen, da sie frei ausgepflanzt bei meinen Schildkröten keine Überlebenschance haben.

entsprechenden Bedarf zu stillen. Daher ist ein möglichst vielfältiges Angebot von unterschiedlichsten Wiesenpflanzen anzustreben. Eine Zusatzversorgung mit Calcium ist allerdings bei der Haltung in menschlicher Obhut in jedem Fall nötig. In ihrer mediterranen Heimat decken die Breitrandschildkröten ihren außerordentlich hohen Calciumbedarf durch die Aufnahme von stark calciumhaltigen Pflanzen. Aber man kann auch beobachten, wie sie an alten Knochen nagen oder aktiv kleine Kalksteinbröckchen aufnehmen. Den Tieren in menschlicher Obhut muss also Calcium angeboten werden. Nie sollte Calcium aufgezwungen werden, indem man zum Beispiel das Futter mit Calciumpulver bestäubt. Stattdessen sollten Calciumquellen frei im Gehege verteilt werden, an denen sich die Tiere bei Bedarf bedienen können. Ich verwende dafür Sepiaschalen, die nicht mit Zusatzstoffen versehen wurden. Gerade weibliche Breitrandschildkröten und Jungtiere nagen mit Wonne an diesen im Gehege ausgelegten Tintenfischtschulps und vertilgen oft überraschend große Mengen davon. Diese Sepiaschalen haben nicht nur den Vorteil, dass sie sich hervorragend als Calciumlieferanten für die Tiere zur freien Wahl eignen. Das Nagen an diesen Schalen hält auch den Schnabel in Form. Manchmal auch bleiben die Calciumquellen unberührt. Ich gehe davon aus, dass die Weibchen in der Phase der Eierbeschalung vermehrt nach Calcium suchen.

Jungtiere nagen bevorzugt an Sepiaschalen, wenn sie sich in einem Wachstumsschub befinden. Auch reines Calciumcarbonat stellt eine Alternative dar. In Pulverform aber ist es zur freien Aufnahme schwerlich anzubieten. Außerdem kann reines Calciumcarbonat bei vielen Tieren zu Blähungen führen, die der Gesundheit zwar nicht abträglich sind, die aber einfach zu vermeiden sind, wenn man ein anderes Calciumprodukt verwendet.

### Verdauung und Ausscheidung

Eine richtig ernährte Breitrandschildkröte hat eine gesunde, rege Verdauung, die sich durch arttypische Ausscheidungsprodukte zeigt. Um aufgenommene Nahrung ideal zu verwerten, benötigt eine Breitrandschildkröte in den Sommermonaten ungefähr zehn Tage. Das heißt, die Nahrung hat eine relativ lange Passagezeit und das verdeutlicht noch einmal, wie ungesund es für Europäische Landschildkröten ist, wenn man sie mit ungeeigneter Nahrung wie Gemüse oder Fleischprodukten ernährt. Diese Art

Heu dient nicht nur zum Verstecken, sondern ist ein wertvoller Nahrungsbestandteil, mit dem sich das Vertrocknen der Vegetation in den Heimatländern während der Sommermonate nachahmen lässt.

Brombeerblätter werden gerne angenommen. Sind die Früchte reif, schadet es nicht, wenn die Tiere auch davon naschen.

Alle Wegeriche sind hervorragendes Schildkrötenfutter. Im Bild Breitwegerich, der einen besonders hohen Anteil an Rohfaser hat.

Die Rosenblüten werden sehr gerne gefressen, man sollte als Gartenbesitzer nur darauf achten, dass die Rosenstöcke nicht künstlich gedüngt werden oder mit Spritzmitteln behandelt sind.

Eine richtig ernährte Breitrandschildkröte hat gesunde Ausscheidungsprodukte.

Frischer Kot sollte länglich geformt, braun und nicht übelriechend sein.

Der Urin von Breitrandschildkröten ist zweiphasig. Ausgeschieden wird eine klare Flüssigkeit und eine weiße, sämige Masse, die sogenannten Urate, die nicht griesig sein dürfen. Dieser Uratklecks zeugt davon, dass die Schildkröte richtig ernährt ist.

der Nahrung wird bei der oben erwähnten langen Darmpassagezeit in der Schildkröte gären und Fäulnisprozesse in ihrem Körper auslösen, die wirklich gesundheitsschädlich sind. Derartige Fehlernährung zeigt sich häufig durch übelriechende, breiige Ausscheidungsprodukte. Bei einer richtig ernährten Breitrandschildkröte aber ist der Kot dunkelbraun, fest und länglich geformt. Unverdauliche Pflanzenfasern sollte man beim genaueren Betrachten erkennen können. Weicher, breiiger Kot ist in der Regel ein Anzeichen von gesundheitlichen Problemen und oder einer Fehlernährung. Der Urin aller Europäischen Landschildkröten ist zweiphasig. Zum einen erkennbar als klare, schwach schleimige Flüssigkeit, zum anderen deutlich sichtbar als weiße Absonderung, den sogenannten Uraten. Ein regelmäßiger Check der Ausscheidungsprodukte gibt Aufschluss über den Gesundheitszustand der Tiere und die Qualität der Fütterung. Ist der Urin griesig oder gar braun verfärbt, dann liegt ein deutliches Anzeichen für eine gravierende Fehlernährung vor, die meist durch Gaben von eiweißreicher Nahrung wie Gemüse oder Fleischprodukten entsteht. Insbesondere vor den immer noch häufig angebotenen Schildkrötenpellets muss gewarnt werden. Das einzig käufliche Fertigfutter, das wirklich empfehlenswert ist, sind spezielle Testudo Heucobs, die im guten Fachhandel oder direkt über den Hersteller zu erwerben sind.

### Flüssigkeitshaushalt

Selbstverständlich ist auch das Trinkbedürfnis von *Testudo marginata* zu befriedigen. Zwar trinken Breitrandschildkröten nicht täglich, dennoch sollten sie jederzeit die Möglichkeit dazu haben. Vor allem in veralteter Literatur liest man häufig, dass Europäische Landschildkröten nicht trinken. Beobachtungen in der freien Natur aber haben gezeigt, dass Landschildkröten vielfach gezielt Ausflüge zu Wasserquellen auf sich nehmen, um ihren Flüssigkeitshaushalt zu regeln. Am höchsten ist nach meinen Beobachtungen das Trinkbedürfnis der Breitrandschildkröten im Frühjahr. Gerade zu dieser Zeit aber habe ich wegen den oftmals noch sehr frischen Temperaturen Bedenken, Gefäße mit Wasser in den Gehegen aufzustellen. Denn es kann vorkommen, dass sich ein Tier ins Trinkgefäss setzt und dort für längere Zeit sitzen bleibt. Daher bin ich dazu übergegangen, in dieser Zeit die Trinkgefäße in den Frühbeeten aufzustellen. Steigen die Temperaturen dann mit dem fortschreitenden Frühjahr an, stelle ich alljährlich an den gleichen Stellen im Gehege große, mit Wasser gefüllte Blumentopfuntersetzer auf, an denen die Tiere jederzeit freien Zugang zum Wasser haben. Wichtig ist es hierbei, auf Sauberkeit zu achten. Alle Schildkröten koten und urinieren gerne im Wasser ab und so ist ein häufiger Wasserwechsel und eine tägliche Desinfektion der Trinkgeschirre angebracht. Am einfachsten desinfiziert man solche Gefäße, indem man sie nach dem Auswaschen in der Sonne trocknen lässt. Bei sehr kleinen Breitrandschildkröten ist es wichtig, in das Trinkgefäß vereinzelt Kieselsteine zu legen. Diese können, sollte eine kleine Schildkröte versehentlich in der Wasserschale auf den Rücken fallen, dem Tier als Umdrehhilfe dienen und das kleine Geschöpf somit vor dem Ertrinken retten.

Breitrandschildkröten sollten jederzeit freien Zugang zum Wasser haben. Es versteht sich von selbst, dass das Trinkgeschirr regelmäßig gereinigt wird.

## Winterruhe

Wie für alle Europäischen Landschildkröten ist auch für *Testudo marginata* die Zeit der Winterruhe ein natürlicher Zustand. Das bedeutet für die Haltung unter menschlicher Obhut, dass es keinen Grund gibt, einer gesunden Breitrandschildkröte, wie klein und jung sie auch immer sein mag, eine mehrmonatige Ruhepause vorzuenthalten. Vor allem Anfänger in der Haltung von Breitrandschildkröten haben oft Angst, bei der Überwinterung ihrer Pfleglinge etwas falsch zu machen und versuchen, diese zu umgehen. Dabei ist die Winterruhe, korrekt durchgeführt, nichts weiter, als ein alljährlich wiederkehrender Abschnitt in der Pflege dieser Tiere, der als natürlich und selbstverständlich betrachtet werden sollte und der für die Gesunderhaltung der Tiere von enormer Wichtigkeit ist. Da ich in der Haltung meiner Tiere stets auf größtmögliche Annäherung an die natürliche Lebensweise der Schildkröten Wert lege, erachte ich es als notwendig, sich vor Augen zu führen, wie freilebende Breitrandschildkröten mit dem Phänomen der Winterruhe zurechtkommen. Auch in den natürlichen Verbreitungsgebieten von *Testudo marginata* verliert die Sonne bereits Ende September an Kraft und die Tage beginnen, langsam kürzer zu werden. Die Schildkröten reagieren darauf mit einer Verlagerung ihrer Aktivitäten in die Tagesmitte. Sie verlassen ihre Verstecke nicht mehr früh morgens, sondern erst in der Mitte des Vormittages, um ausgiebige Sonnenbäder zu nehmen und sich dann der Futtersuche oder auch der Paarung zu widmen. Oft sind sie bereits am späteren Nachmittag wieder verschwunden. Mit zunehmend herbstlicher Witterung wird auch im Süden das Wetter instabiler. Das heißt, es kann durchaus auch auf Sardinien oder in Griechenland, vor allem in den bergigen Regionen, vorkommen, dass Temperaturstürze oder Schlechtwetterphasen eintreten. So kommt es, dass die Schildkröten allmählich, oder manchmal auch abrupt in eine passive Lebensphase eintreten und je weiter der Herbst voranschreitet ihre Verstecke unregelmäßiger und nicht mehr täglich verlassen. Das Wetter ist nicht jedes Jahr gleich. Es gibt Jahre, in denen ist der Herbst mild und trocken, sodass die Breitrandschildkröten manchmal bis weit in den November hinein aktiv sind. Dann wieder gibt es Jahre, in denen ist bereits der Oktober so unwirtlich, dass den Tieren die wärmende Kraft der Sonne fehlt und sie ihre Winterruhe früher antreten müssen.

Von griechischen Landschildkröten ist bekannt, dass sie vier bis fünf Wochen vor der eigentlichen Ruheperiode die Nahrungsaufnahme gänzlich einstellen. Für Breitrandschildkröten kann man diese Regel nicht generell aufstellen. Es gibt Tiere, die im Herbst durchaus ihre Futteraufnahme reduzieren. Es gibt jedoch auch Tiere, die vom Wetter und der bevorstehenden Winterruhe scheinbar unbeeindruckt weiterfressen, bis sie sich letztlich in ihre selbstgewählten Verstecke zurückziehen. Im Körper der Schildkröte laufen bereits mit beginnendem Spätsommer komplizierte hormonelle Vorgänge ab, die als natürliche Vorbereitung auf die Winterruhe zu verstehen sind. Die Wahl der eigentlichen Winterruhequartiere ist bei Breitrandschildkröten in freier Wildbahn interessant. So vergraben sich viele Tiere nicht direkt im Erdreich, wie es Griechische Landschildkröten tun, sondern oftmals ziehen sie sich in felsige Nischen zurück

Wenn die Kraft der Sonne nicht mehr ausreicht, die Körperfunktionen der Breitrandschildkröten aufrechtzuerhalten, beginnen die Tiere sich für die Winterruhe zurückzuziehen.

oder verbergen sich unter losem Gestrüpp. So warten sie die weitere Entwicklung des Winters ab. Kommt während des einsetzenden Winters ein Wärmeeinbruch, kann es durchaus sein, dass einzelne Breitrandschildkröten diesen nützen, um Sonnenbäder zu nehmen. Von eigentlichen Aktivitätsperioden kann man dabei jedoch wohl nicht sprechen. Die wirklich kalten Phasen überdauern die Tiere ruhend bei einer Körpertemperatur von 2 bis 4°C. Sie schaffen es offenbar, ihre Körpertemperatur auch während leichter Frostperioden in diesem Mittel zu halten. Treten strengere, länger andauernde Frostperioden ein, reagieren die Tiere mit einem weiteren Rückzug, der letztlich dahin führt, dass sich die Tiere tatsächlich vergraben. Die Dauer des passiven Ruheverhaltens während des Winters ist wetterabhängig. In der Regel steigen die Temperaturen im Frühjahr tagsüber so stark an, dass wilde Breitrandschildkröten bereits Ende Februar oftmals ihre Winterquartiere verlassen und ihre Lebensaktivitäten aufnehmen. Vor allem auf Sardinien, das im Frühjahr oft von eisigen Winden heimgesucht wird, wurde vielfach beobachtet, dass Breitrandschildkröten Ende Februar die Tageswärme nutzen, um sich dann schon am Nachmittag zurückzuziehen und sich

Breitrandschildkröten graben nicht sehr tief. Selbst im strengen Winter 2005 auf 2006 blieben die Tiere unbeschadet innerhalb der Schutzhütte auf dem Erdniveau sitzen.

vor den eisigen Nächten verbergen. Unter menschlicher Obhut wird sich diese Art der Winterruhe für Breitrandschildkröten nicht gänzlich verwirklichen lassen, da bei uns die Winter doch länger andauernde Kaltperioden mit sich bringen und vor allem das Frühjahr und der Herbst kälter sind. Dennoch kann man nach meinem Dafürhalten die Frage danach, wie lange die Winterruhe für Breitrandschildkröten dauern soll, nur folgendermaßen beantworten:

Die Winterruhe dauert so lange,
so lange der Winter dauert!

Sind Ihre Schildkröten in einem gut gebauten Gehege untergebracht und wurden sie über den Sommer artgerecht gefüttert, dann werden sie auch in Deutschland das gleiche Verhalten zeigen, wie ihre freilebenden Verwandten. Sie sollten die Tiere im Herbst also unbedingt im Freiland belassen. Ist es draußen zu kalt und windig, werden die Schildkröten im Frühbeet oder Gewächshaus dennoch mildere Temperaturen vorfinden und diese auch nützen. Es gibt individuell sehr große Unterschiede, wann Breitrandschildkröten sich für die eigentliche Winterruhe zurückziehen. Grundsätzlich kann man sagen, dass weibliche Breitrandschildkröten und Jungtiere die Winterruhe früher antreten, als männliche Tiere. Für Sie als Pfleger sind mit dem voranschreitenden Herbst zwei Dinge besonders wichtig. Zum einen müssen Sie dafür sorgen, dass der Bodengrund im Schildkrötenhaus und in der Schutzhütte gelockert wird und die Schutzhütte reichlich mit schimmelfreiem Füllmaterial, bevorzugt Buchenlaub, aufgefüllt wird. Zum anderen müssen Sie dafür Sorge tragen, dass sich kein Tier unbemerkt außerhalb des Schildkrötenhauses versteckt. Selbstverständlich gehe ich davon aus, dass Sie die Gesundheit Ihrer Tiere bereits über den Sommer hinweg immer wieder kontrolliert haben. Auch in Deutschland ist nicht jedes Jahr gleich. So kann es durchaus sein, dass in schlechten Jahren die Schildkröten bereits Mitte September ihre Schutzhütten nicht mehr verlassen, dafür aber im Oktober wieder hervorkommen. Es kann jedoch auch vorkommen, dass das Wetter bis in den November hinein mild und stabil bleibt, sodass man hier keine generelle Regel aufstellen kann, wann die eigentliche Winterruhe beginnt. Das Phänomen der Winterruhe ist wetterabhängig. Die Tiere können bei schlechtem Wetter bereits Ende August für zwei Wochen nicht mehr aus ihren Verstecken kommen und dann aber bei einem Schönwettereinbruch im September wieder Sonnenbäder nehmen und bist tief in den Herbst hinein fressen. Das ist nichts weiter, als ein natürliches Verhalten und sollte den Tieren in jedem Fall gewährt werden. Bevor ich in der Haltung meiner Tiere zu Freilandüberwinterung übergegangen bin, habe ich meine *Testudo marginata* immer bis zu den ersten kräftigen Schneefällen im Freiland belassen. Somit war die Phase der Winterruhevorbereitung abgeschlossen. Alles, was ich zu tun hatte, war dafür zu sorgen, dass die Hütten genügend isolierendes Material boten.

Außerdem muss ich ein wachsames Auge auf eventuelle Ausreißer haben, die sich unbemerkt irgendwo im Gehege verstecken wollen. Häufig hört man, dass Europäische Landschildkröten zur Vorbereitung auf die Winterruhe mehrmals warm gebadet werden sollen. Ich halte das für eine zweifelhafte Methode, um den Tieren eine gesunde Winterruhe zu ermöglichen. Es sind aus der Natur keinerlei Beobachtungen bekannt, die bezeugen, dass Schildkröten im Herbst vermehrt baden.

Im Kapitel Ernährung habe ich bereits erwähnt, dass ich vor allem im Frühjahr darauf achte, dass die Tiere ausreichend zu trinken finden. Das sollte auch im Herbst geschehen. Dabei muss ich allerdings gestehen, dass ich gerade im Herbst niemals ein vermehrtes Trinkbedürfnis bei meinen Tieren festgestellt habe. Das mehrmalige Baden soll den Zweck erfüllen, die Tiere mit einem entleerten Verdauungstrakt in die Winterruhe zu geben. Im Fall von *Testudo marginata* ist das sehr zweifelhaft, da manche Tiere wirklich noch einen Tag, bevor sie sich in die Winterruhe zurückziehen, Nahrung zu sich nehmen. Letztlich sollte immer das Tier entscheiden können.

### Überwinterung im Keller

Ist der Winter nun da und strenger Frost und Schnee sind über das Schildkrötengehege hereingebrochen, überführt man die Schildkröten in den Keller. Voraussetzung dafür ist der Besitz eines Kaltkellers, dessen Temperaturen sich im Winter zwischen 2 und 6 °C bewegen. Für meine Tiere hatte ich bereits im Spätherbst Weidenkörbe bereitgestellt, die ich mit einer circa 15 cm hohen Schicht normaler Gartenerde gefüllt habe.

Darauf setzte ich meist im Dezember die aus dem Schildkrötenhaus entnommenen, ruhenden Breitrandschildkröten. Große Tiere erhielten je einen einzelnen Korb, Jungtiere teilten sich einen Korb. Die Körbe wurden über den Schildkröten mit regennassem Buchenlaub aufgefüllt. Die so verpackten Schildkröten wurden in den Kaltkeller verbracht. Dort verblieben sie bis Ende Februar oder je nach Wetter Anfang März, wenn der Schnee soweit verschwunden war, dass ich zu den Schildkrötenhäusern gehen konnte. Während der Wintermonate wurde lediglich die Feuchtigkeit von Erde und Laub kontrolliert. Es ist wichtig, dass beides nicht gänzlich austrocknet. Wichtig ist aber auch, dass man Feuchtigkeit nicht mit Nässe verwechselt. Ein kalter Keller hat in der Regel genug Luftfeuchtigkeit, um ein zu starkes Austrocknen der Schildkrötenkörbe zu verhindern. Dennoch sollten Erde und Laub geprüft werden und wenn beides zu trocken ist, kann man das Laub leicht mit Hilfe eines Blumenbestäubers übersprühen. Hier ist ein wenig Fingerspitzengefühl gefragt. Ziel ist es, eine natürliche Bodenfeuchte zu erhalten. Nässe ist in jedem Fall zu vermeiden. Zu feuchte Überwinterung kann dazu führen, dass sich auf den Körpern der Tiere Schimmelpilze bilden. Zu trockene Überwinterung führt zu einem Austrocknen der Tiere, was zu den häufigsten Fehlern, neben zu warmer Überwinterung, bei der Haltung zählt. Der ideale Temperaturbereich für die Überwinterung von sämtlichen Europäischen Landschildkröten liegt zwischen 2 und 4 °C. In diesem Temperaturbereich sind sämtliche Stoffwechselvorgänge der Schildkröten soweit reduziert, dass sie problemlos mehrere Monate im Zustand der Winterruhe verbleiben können. Probleme treten dann auf, wenn dieser Temperaturbereich über größere Zeiträume nicht gewährleistet werden kann. Eine korrekte Winterruhe ist nicht möglich, wenn der Stoffwechsel der Tiere in Gang kommt. Das kann bereits bei 7 °C geschehen. Die Tiere beginnen zu verdauen und körperliche Abbauprodukte lagern sich in den Organen ein. Das kann zu inneren Vergiftungserscheinungen führen, die für die Gesundheit der Schildkröten gefährlich werden können.

Vergessen Sie nie, eine freilebende Schildkröte hat immer die Möglichkeit, das für sie geeignete Temperaturoptimum zu wählen oder notfalls die Winterruhe zu unterbrechen, um eine höhere Körpertemperatur zu erreichen. Das kann eine Schildkröte unter menschlicher Obhut nicht, wenn sie in einem dunklen, zu warmen Keller untergebracht ist. Daher ist es unbedingt nötig, wenn Sie keinen Kaltkeller haben, über Alternativen nachzudenken.

### Überwinterung im Kühlschrank

Viele Schildkrötenpfleger sind dazu übergegangen, ihre Tiere in Kühlschränken zu überwintern. Das mag zugegebenermaßen sonderbar klingen, hat sich aber in der Praxis offenbar bestens bewährt. Ein Kühlschrank gewährleistet einen gleichmäßigen Temperaturverlauf. Die Überwinterung erfolgt im Prinzip genau so, wie in einem kalten Keller. Natürlich kann man keine Weidenkörbe in den Kühlschrank stellen. Daher verwenden die meisten Pfleger Plastikboxen, die sie mit Erde und Laub füllen und die oben offen sind. Einzig die Zufuhr von Frischluft muss aktiv gesteuert werden, indem die Kühlschranktür ein- bis zweimal wöchentlich geöffnet wird.

### Überwinterung im Schildkrötenhaus

Eine weitere, wesentlich natürlichere Art der Überwinterung ist in der Freilandüberwinterung zu sehen. Hierzu belässt man die Schildkröten in den entsprechend vorbereiteten Schildkrötenhäusern. Es empfiehlt sich, wenn man einplant, die Tiere im Freiland zu überwintern, für eine oder mehrere Winterperioden das Schildkrötenhaus so vorzubereiten, als wären die Tiere darin untergebracht. Anstelle der Schildkröten aber sollte vorerst ein Minimum- Maximum Thermometer überwintert werden. Auf diese Weise kann man Kenntnisse über den winterlichen Temperaturverlauf im Inneren des Schildkrötenhauses erlangen. Unterschreiten die Temperaturen in der Erde des Schutzhauses 0 °C nicht, steht einer Freilandüberwinterung nichts im Wege. Interessant ist dabei, dass ein gut isoliertes Schutzhaus in einem stabilen Frühbeet oder Gewächshaus auch bei Außentemperaturen von minus 20 °C bei 2 bis 3 °C gehalten werden kann. Man sollte dazu nicht nur die Schutzhütte, sondern, nachdem die Tiere nachweislich nicht mehr hervorkommen, auch das restliche Schildkrötenhaus mit Laub auffüllen. Außen, um das Schildkrötenhaus können angelehnte Styroporplatten und aufgehäuftes Laub noch als zusätzlicher Frostschutz dienen. Um eine starke Erwärmung an warmen Wintertagen zu verhindern, sollte das Schildkrötenhaus zusätzlich mit einer Plane abgedeckt werden. Wichtig ist außerdem, dass der Bodengrund im Schutzhaus tiefgründig gelockert wird, damit die Tiere so tief graben können, wie es für Ihre Thermoregulierung notwendig ist. In der Regel graben Breitrandschildkröten nicht tief. Aber die Möglichkeit zum Graben sollten man ihnen schaffen. Besondere Aufmerksamkeit muss man bei dieser Form der Überwinterung potenziellen Räubern wie Ratten und Mäusen schenken. In jedem Fall ist es wichtig, dafür zu sorgen, dass solche Tiere den wehrlosen, ruhenden Schildkröten nicht zu nahe kommen. Die beste Abhilfe schafft hier ein engmaschiges, starkes Drahtgeflecht, das, wie bereits beschrieben, unter dem Schildkrötenhaus so verlegt wird, damit keine ungebetenen Gäste Zutritt finden können.

### Beenden der Winterruhe

Ende Februar oder je nach Wetter Anfang März sollten die im Keller oder Kühlschrank ruhenden Schildkröten zurück in die Schutzhütten gebracht und so positioniert werden,

Der Winter ist eingekehrt. Die dicke Schneedecke sorgt für eine zusätzliche Isolation des Schildkrötenhauses. Die Frühbeete sind bis zum Rand mit Laub gefüllt, mit Styroporplatten umstellt und mit einer Plane abgedeckt, um eine Erwärmung zu verhindern.

Sobald die Sonne wieder an Kraft gewinnt, kommen die Schildkröten aus den Schutzhütten hervor und nehmen erste Sonnenbäder im Innenraum des Frühbeetes. Hier bewähren sich solide Schildkrötenhäuser!

Das Wetter kann im zeitigen Frühjahr noch launisch sein und oft kommt es vor, dass die Schildkrötenhäuser noch einmal mit einer nassen Schicht Schnee zugedeckt werden.

Doch irgendwann siegt die Sonne und die ersten Breitrandschildkröten verlassen die Frühbeete, um im Gehege auf Nahrungssuche zu gehen.

Die ersten Ausflüge im zeitigen Frühjahr finden oft in der wärmenden Mittagssonne statt.

wie sie im Herbst entnommen wurden. Das macht man am besten an bedeckten Tagen oder abends, um die Tiere nicht zu schnell zu wecken. Bei Tieren, die im Schildkrötenhaus überwintert haben, entfernt man die Plane und die Styroporplatten. Oft kommt es vor, dass meine Schildkrötenhäuser dann noch einmal eingeschneit werden. Das ist nicht weiter schlimm und auch kurzfristiger Starkfrost hat bisher bei meinen Tieren zu keinen Verlusten oder Erkrankungen geführt. Wichtig ist in dieser Zeit, dass genügend Laub in den Schutzhütten ist. Mit zunehmender Sonnenintensität nehmen die Tiere im März dann ihre Aktivitäten auf und ein neues Schildkrötenjahr beginnt. Oftmals sind die Tiere, wenn sie aus der Erde kommen, stark verschmutzt. Es ist schon vorgekommen, dass vor allem kleine Schildkröten hart verkrustete Erde an den Beinen hatten, was jegliche Bewegung

unmöglich machte. Es versteht sich von selbst, dass man solch einem Tier dann natürlich hilft und es ein wenig säubert. Eine exakt verlaufene Winterruhe bedeutet für die meisten Breitrandschildkröten keinen oder nur einen minimalen Gewichtsverlust. Bei kleinen Breitrandschildkröten kommt es sogar häufig vor, dass sie nach der Winterruhe unmerklich schwerer sind. Dies liegt daran, dass die Tiere über ihre Haut und Atmung die Feuchtigkeit der Luft und des Bodensubstrates, in dem sie vergraben waren, aufgenommen haben. Auch hier möchte ich noch mal das so oft empfohlene Baden hinterfragen. Ich halte es für schwierig, einem wechselwarmen Tier, das allmählich am Ende der Winterruhe mit der Witterung ins Leben zurückkehrt, einen Schock durch ein Warmbad zu verschaffen. Ich bade meine Tiere nicht und konnte nie feststellen, dass sie dadurch irgendeinen Schaden erlitten haben. Erwähnenswert finde ich auch die Beobachtung, die viele Schildkrötenhalter vor allem bei männlichen Schildkröten gemacht haben. Es scheint so, als würden die Tiere die erste warme Märzsonne und den damit zusammenhängenden Hochdruck auch im Keller oder Kühlschrank spüren. Oftmals beginnen die Tiere zu diesem Zeitpunkt in ihren Überwinterungskisten zu rumoren. Hier ist es wirklich höchste Zeit, die Tiere ins Schildkrötenhaus zu überführen, selbst wenn im Freien noch Nachtfrost herrscht, der sich in einem gut gebauten Schildkrötenhaus jedoch nicht auswirkt.

Auch der Nachwuchs traut sich allmählich hervor.

Aber schon am Nachmittag machen sich die Tiere wieder auf in die schützenden Unterkünfte, denn die Sonne ist noch nicht stark genug.

Bei zwei Dingen kennen männliche Breitrandschildkröten im Frühjahr keine Grenzen: Nahrungsaufnahme und Suche nach Weibchen.

## Vermehrung

Zu den schönsten Erlebnissen in der Haltung von Wildtieren in menschlicher Obhut zählt zweifelsohne die erfolgreiche Vermehrung der Pfleglinge. Die gesteuerte Nachzucht von Schildkröten gewährleistet, dass der Bedarf an Tieren zur privaten Haltung ohne Entnahmen aus der freien Wildbahn gedeckt werden kann. Ganz unkritisch jedoch sollte man die oftmals ungezügelte Vermehrung von Schildkröten für private Haltungszwecke nicht sehen. So wurden in den letzten Jahren sehr viele nachgezogene Jungschildkröten angeboten. Man kann sagen, dass ein wahrer Schildkrötenhaltungs- und Vermehrungsboom ausgebrochen ist, fast so, als wäre es Pflicht eines jeden Schildkrötenhalters, zu züchten. Das Ergebnis dieser ungezügelten Vermehrung ist nicht immer erfreulich, denn mehr und mehr häufen sich die Berichte über ungewollte Geschenke oder ausgesetzte Tiere, meist überzählige Männchen. Der verantwortungsvolle Züchter wird stets im Auge behalten, dass er passionierte, geeignete Halter für die Nachzuchten finden muss. Sicherlich ist jeder wahre Tierfreund immer darauf bedacht, seine Nachzuchten an gute Plätze abzugeben und sie nicht einfach wahllos zu verkaufen, um Platz für neue Nachzuchtgenerationen im eigenen Schildkrötengehege zu schaffen. Leider aber leiden und sterben noch immer viele kleine Schildkröten aufgrund falscher Haltung und ich denke, das sollte jeder verantwortungsbewusste Schildkrötenliebhaber stets im Auge behalten, ehe massenweise Tiere herangezogen werden, deren Zukunft ungewiss ist. Wie immer im Leben ist auch hier das richtige Maß die beste Lösung. Die wichtigste Voraussetzung, um Breitrandschildkröten in menschlicher Obhut erfolgreich zu vermehren, besteht darin, gesunde, rassereine, nicht miteinander verwandte und fortpflanzungsfähige Tiere beiderlei Geschlechtes zu besitzen.

Männliche *T. marginata* haben einen langen Schwanz.

Der Schwanz ist bei weiblichen Breitrandschildkröten hingegen sehr kurz.

### Geschlechtsunterscheidung

Die Geschlechtsunterscheidung fällt bei ausgewachsenen *T. marginata* nicht schwer. Als Hauptunterscheidungsmerkmal dient die Schwanzlänge. Bei männlichen Breitrandschildkröten ist der Schwanz ungefähr dreimal so lang wie bei weiblichen Tieren. Auch ist der Schwanz an der Basis dicker. Bei Tieren beiderlei Geschlechts ist er spitzzulaufend ohne erkennbaren Schwanzendnagel. Beim Männchen liegt die Kloake näher an der Schwanzspitze, während sie sich beim Weibchen näher an der Schwanzwurzel befindet. Auch die Form der Kloake unterscheidet sich bei Tieren verschiedenen Geschlechtes. Bei weiblichen Tieren ist die Kloake kreisrund, während bei der Kloake von Männchen ein Längsspalt angedeutet ist. Auch ein Blick von oben auf die Körperform adulter Tiere kann einen Hinweis auf die Geschlechtszugehörigkeit geben. Im Gegensatz zu den restlichen Vertretern der

Eine Geschlechtsunterscheidung ist bei ausgewachsenen *T. marginata* oft schon mit einem Blick auf den Carapax möglich. Das Weibchen, links, ist viel gedrungener, tonnenförmiger, als das Männchen rechts, bei dem man eine Taille erkennt und das auch einen breiteren Rand hat.

Auch die Form der Analschilde am Bauchpanzer ist bei den Geschlechtern unterschiedlich. Bei dem weiblichen Tier links laufen die Analschilde spitz zusammen, während sie bei dem Männchen rechts einen viel größeren Winkel bilden.

Männliche Breitrandschildkröten haben einen stark nach innen gewölbten Bauchpanzer, der bei der Kopulation hilfreich ist

Auch weibliche *T. marginata* haben oft einen nach innen gewölbten Bauchpanzer, selten jedoch so stark ausgeprägt wie bei männlichen Tieren.

Europäischen Landschildkröten werden bei *T. marginata* häufig die Männchen größer als die Weibchen. Wie bereits erwähnt, sind männliche Breitrandschildkröten in der Körpermitte oftmals deutlich tailliert, wohingegen die meisten weiblichen Breitrandschildkröten einen tonnenförmigen Leib besitzen. Auch die Köpfe adulter Männchen sind häufig sehr beeindruckend und mit kräftigen Muskeln auf der Schädeldecke versehen. Ausnehmend schwer aber ist es, bei jungen Breitrandschildkröten eine eindeutige Geschlechterbestimmung vorzunehmen. Meiner Erkenntnis nach ist es erst

Bei jungen Breitrandschildkröten ist eine Bestimmung des Geschlechts nur sehr schwer möglich. Im Bild zwei halbwüchsige Breitrandschildkröten. Das Tier links im Bild ist sicherlich ein Männchen. Bei dem Tier rechts im Bild ist die letzte Gewissheit über das Geschlecht noch nicht eingetreten.

ab einem Gewicht von circa 600 bis 700 g möglich, das Geschlecht annähernd zuzuordnen. Ich hatte auch schon ein vermeintliches Weibchen, dessen Männlichkeit mit 800 g schließlich nicht mehr zu leugnen war. Der Zeitpunkt der Geschlechtsreife ist bei allen Schildkröten weniger vom Alter

Vor allem männliche Breitrandschildkröten haben oftmals starke Muskelwülste am Kopf, die ihnen ein verwegenes Aussehen verleihen ...

... während viele Weibchen eine sanftere Kopfform haben und dadurch weniger wild wirken.

abhängig als vielmehr vom Körpergewicht. Unter normalen Bedingungen wird eine gesund gewachsene Breitrandschildkröte mit einem Gewicht zwischen 1400 g und 1700 g geschlechtsreif. Es gibt auch Berichte über erste Eiablagen mit 1200 g ebenso wie manche Tiere erst mit 2000 g endgültig geschlechtsreif zu sein scheinen. Um dieses Gewicht zu erreichen, haben Tiere, die unter natürlichen Bedingungen wachsen konnten, bereits ein Lebensalter von mindestens 15 Jahren, meistens mehr erreicht. Unter menschlicher Obhut kommt es häufig vor, dass bereits deutlich jüngere Tiere solche Gewichte erreichen. Dies ist aber in der Regel immer auf eine Haltung mit zu eiweißreicher Fütterung und oder verkürzter Winterruhe zurückzuführen. Durch das Verkürzen der Winterruhe und einem damit verbundenen Aufenthalt in einem Zimmerterrarium wird den Tieren die Möglichkeit geschaffen, in Zeiten, die eigentlich der Ruhe vorbehalten sind, Nahrung aufzunehmen und zu wachsen. Solchen Tieren sieht man nahezu immer ein Leben lang an, dass ihr Wachstum nicht unter natürlichen Bedingungen stattgefunden hat.

## Balzverhalten und Paarung

Der Fortpflanzungstrieb erwacht bei Breitrandschildkröten unmittelbar nach dem Ende der Winterruhe. Dabei ist auffällig, dass männliche Tiere häufig ihre Winterruhe ein bis zwei Wochen früher beenden als weibliche Tiere. Wahrscheinlich sind die männlichen Vertreter der Art darauf aus, möglichst als Erste die langsam erwachenden Weibchen ausfindig zu machen und somit auch als Erste zur Paarung zu gelangen. Trifft ein Männchen dann endlich auf ein Weibchen, wird klar, warum bei der Haltung in ihrem Zuhause auf ein ausgewogenes Geschlechterverhältnis geachtet werden muss. Männliche Breitrandschildkröten sind nämlich sehr aufdringliche und hartnäckige Liebhaber. Es ist immer wieder erstaunlich, mit welch enormen Ehrgeiz und welch nahezu unglaublicher Geschwindigkeit Breitrandschildkrötenmännchen den Weibchen nachlaufen können, selbst wenn die Außentemperaturen im zeitigen Frühjahr noch recht frisch sind. Die Weibchen reagieren in der Regel mit Flucht, wenn sie bemerken, dass ein paarungswütiges Männ-

An den ersten warmen Tagen, unmittelbar nach der Winterruhe, beginnt das Männchen damit, das Weibchen zu treiben.

Das Weibchen versucht, zu entkommen, doch männliche Breitrandschildkröten sind hartnäckige Brautwerber.

Die Hinterseite des weiblichen Tieres wird heftig gerammt, sodass das Aufeinanderknallen der Panzer oft weithin zu hören ist.

Gibt das weibliche Tier endlich seine Fluchtversuche auf, reitet das Männchen auf und versucht, die Paarung zu vollziehen.

chen auf sie zukommt. Um diese Flucht zu verhindern, umkreist das Männchen das Weibchen. Hoch aufgerichtet auf alle vier Beine schwingt es immer wieder seinen Panzer gegen den des Weibchens, um es heftig zu rammen. Dabei entsteht ein laut hin schallendes Geräusch. Versucht das Weibchen noch immer zu fliehen, beißt das Männchen es vehement in die Vorderbeine und die Kopfregion. Dabei kann es durchaus vorkommen, dass das Weibchen Verletzungen davonträgt.

Als Pfleger sollte man hier immer darauf achten, dass die Weibchen genügend Versteckmöglichkeiten finden, um nicht permanent dem Balzverhalten der Männchen, das sich über mehrere Wochen erstreckt, ausgeliefert zu sein. Am wichtigsten aber ist, dass die Weibchen in der Überzahl sind. Denn zwei Männchen würden in einem Gehege, in dem ein einzelnes Weibchen irgendwann keine Versteckmöglichkeit mehr findet, verheerenden Schaden an dem weiblichen Tier anrichten. Es kommt durchaus zu abgebissenen Beinschuppen, blutenden Wunden und auch Abschilferungen des Panzers bei dem Weibchen.

Aber auch zwei sich bekämpfende Männchen können sich durchaus ernste Bissverletzungen zufügen. Hält das Weibchen nun endlich still, reitet das Männchen auf und versucht seinen Penis in die Kloake des Weibchens einzuführen. Dies gelingt bei Weitem nicht immer. Es bedeutet also nicht jedes Aufreiten auch eine erfolgreiche Paarung. Wenn das Männchen aufgeritten ist, unabhängig davon, ob es seinen Penis einführen kann oder nicht, sperrt es sein Maul weit auf und gibt im Abstand von wenigen Sekunden lange, seufzende Töne von sich.

Das Weibchen hingegen pendelt im Rhythmus dieser Töne mit dem Kopf hin und her, was teilweise sehr hektisch aussehen kann. Dieses Verhalten kann man auch in Gruppen beobachten, in denen ausschließlich männliche Tiere gehalten werden. Das unterlegene Männchen nimmt in solchen Fällen die Rolle des Weibchens ein und pendelt im Rhythmus der Paarungsschreie des überlegenen Männchens mit dem Kopf. Solche Paarungsspiele kann man auch häufig bei semiadulten Männchen beobachten, die erst in einigen Jahren geschlechtsreif werden. Bei jungen Weibchen habe ich derartige Aufreitversuche noch nie beobachtet, andere Halter jedoch berichten darüber, dass auch junge Weibchen ein solches Verhalten zeigen.

Ist die Paarung, die sich bis zu einer halben Stunde hinzieht, vollzogen, gleitet das Männchen vom Weibchen herab. Meist bleiben die Tiere dann für einige Zeit im rechten Winkel zueinander sitzen, bevor sie wieder ihrer Wege gehen. Doch schon kurze Zeit darauf sind die Männchen wieder in Paarungsstimmung und die wilde Hatz beginnt von vorne.

Hält man Breitrandschildkröten in einem ausgewogenen Geschlechterverhältnis von zum Beispiel drei Weibchen mit einem Männchen in einem gut strukturierten Gehege, kann man die Tiere gut ganzjährig zusammenhalten. Denn bereits im ausklingenden Frühjahr lässt der Paarungstrieb der Männchen nach und so behelligen sich die Tiere nicht weiter gegenseitig. Erst im Spätsommer und Frühherbst tritt eine neue Paarungszeit ein, die noch einmal für Aufregung im Schildkrötengehege sorgen kann, denn die Paarungswut der Männchen kennt auch dann keine Grenzen.

Nach erfolgter Kopulation gleitet das Männchen vom Weibchen herab. Das Weibchen flieht in der Regel nach kurzem Innehalten.

Nicht jedes Aufreiten bedeutet auch eine erfolgreiche Kopulation.

Die heftigen Paarungsattacken der Männchen bleiben häufig nicht ohne Folge. Dieser *T. marginata* hat das männliche Tier während der Balz eine Hornschuppe am Vorderbein herausgebissen.

Auch am Panzer des Weibchens sind Spuren der heftigen Rammstöße des Männchens zu sehen.

Wenn die Frühjahrssonne kräftig scheint, schreiten die Weibchen zur Eiablage. Gerne, aber nicht immer, wird dazu ein sonniger Legehügel aufgesucht.

Gekonnt hebt die Schildkröte, nachdem sie die richtige Stelle gefunden hat, mit den Hinterbeinen eine Nistgrube aus.

Bereits zwei Wochen vor der Eiablage entwickeln die Weibchen einen Heißhunger auf Calcium.

### Trächtigkeit und Eiablage

Erwachsene Breitrandschildkrötenweibchen, die regelmäßig Kontakt zu Männchen haben, sind alljährlich trächtig. Während der Winterruhe reifen in den Weibchen die Eizellen heran. Parallel dazu bilden die Männchen in der Winterruhe ihre Samenzellen aus. Es gibt viele Berichte darüber, dass auch Breitrandschildkröten, wie andere Europäische Landschildkröten, aus einer erfolgreichen Paarung über mehrere Jahre hinweg befruchtete Eier legen können. Die Tiere sind also offensichtlich in der Lage eine Vorratsbefruchtung vorzunehmen. Werden im Frühjahr die Tage länger und erste Kopulationen sind vollzogen worden, wird ein gesundes, eingewöhntes Breitrandschildkrötenweibchen zur Eiablage schreiten. Meist haben die Weibchen im Frühjahr einen Heißhunger auf Calcium. Das bedeutet für den Pfleger, stets dafür zu sorgen, genügend Sepiaschalen oder andere Calciumquellen zur Verfügung zu stellen. Die Körper weiblicher Tiere benötigen eine ausreichende Calciumversorgung, um die ausgebildeten Eier beschalen zu können. Die ersten Eiablagen finden meist im April statt. Es gibt weibliche Breitrandschildkröten, die jedes Jahr die gleiche Eiablagestelle bevorzugen. Es gibt aber auch *Testudo marginata*, die in der Wahl ihrer Eiablageplätze eigene, für uns Menschen manchmal nicht nachvollziehbare Vorlieben haben. So legen manche *Testudo marginata* bevorzugt ihre Eier im lichten Schatten unter Sträuchern ab, obwohl ihnen geeignete, sonnenexponierte Legeplätze zur Verfügung stehen. Es kann sehr schwer werden, die Gelege einer Breitrandschildkröte zu finden, wenn das Gehege natürlich strukturiert ist und man den Vorgang der Eiablage nicht unmittelbar beobachten kann. In jedem Fall empfiehlt es sich, für die Eiablage nach Süden geneigte Hügel ins Gehege zu integrieren. Ob diese dann angenommen werden, kann

Ein anderes Weibchen ist in der Zwischenzeit fertig mit der Eiablage, überprüft noch einmal tastend mit den Hinterbeinen die Position der Eier. Dann gräbt sie das Loch zu und hat somit ihre Pflicht der Natur gegenüber erfüllt. Schildkröten betreiben keine weitere Brutpflege.

Glückssache sein. Wenige Tage vor der eigentlichen Eiablage werden hochträchtige *Testudo marginata* oftmals unruhig und manchmal auch aggressiv anderen weiblichen Schildkröten gegenüber. Man sieht die Tiere häufig, wie sie mit der Nase auf dem Boden die Oberfläche des Geheges prüfen. Die Suche nach dem richtigen Eiablageplatz hat begonnen. Bevorzugt legen Breitrandschildkröten ihre Eier an sonnig warmen Frühjahrstagen ab. Aber auch an bedeckten Tagen hat es schon Gelege gegeben. Es kann vorkommen, dass Breitrandschildkröten mehrere Probegrabungen vornehmen, ehe sie sich für den endgültigen Ablageplatz entschieden haben. Gekonnt heben die Schildkröten mit den Hinterbeinen eine Grube von bis zu 17 cm Tiefe aus. Dazu schaufeln sie mit rudernden Bewegungen das Erdreich aus der gewählten Stelle und manchmal, wenn die Erde zu trocken ist, lassen sie Flüssigkeit aus ihrer Harnblase ab, um für vermehrte Feuchtigkeit zu sorgen. Je nach Größe und Alter der Schildkröte werden in der ausgehobenen Grube zwischen zwei bis zwölf Eier platziert. Die Eier sind hartschalig, weiß und rund und erinnern an kleine Tischtennisbälle. Durchschnittlich wiegen die Eier circa 16 Gramm.

Die Schildkröten pressen die Eier im Abstand von wenigen Minuten aus der Kloake und fangen sie geschickt mit den Hinterbeinen auf, um sie dann in die richtige Position innerhalb der Nistgrube zu bringen. Die zeitliche Dauer einer Legung ist abhängig von der Anzahl der Eier. Sind alle Eier abgelegt, graben die Tiere die Nisthöhle wieder zu und verlassen ihr Nest ohne weitere Brutpflege. Es ist erstaunlich, wie geschickt die Tiere es oft vermögen, keinerlei Spuren zu hinterlassen.

Häufig sind weibliche Breitrandschildkröten nach der anstrengenden Eiablage sehr erschöpft. Ungefähr vier Wochen nach dem Erstgelege kommt es in der Regel zu einer zweiten Eiablage und manchmal sogar im Sommer noch zu einem Drittgelege.

### Inkubation und Schlupf

In den südlichen Heimatländern von *Testudo marginata* übernimmt die Sonne das Ausbrüten der Schildkröteneier. In unserem kühleren und feuchteren mitteleuropäischen Klima aber ist es eine wenig zuverlässige Inkubationsmethode, die Eier einfach in der Nistgrube zu belassen. Erfolgversprechend ist allerdings, wenn die Nistgrube im Inneren eines Frühbeetes oder Gewächshauses angelegt wurde. Hier kann es durch die gesteigerten Temperaturen durchaus zu Schlupferfolgen kommen. Um aber Schildkröteneier in unseren Breiten wirklich gezielt zu bebrüten, sollten die Eier nach der Ablage vorsichtig geborgen werden. Nachdem das Muttertier die Eigrube zugescharrt hat, gräbt man sie vorsichtig wieder auf und entnimmt die Eier. Es ist ratsam, die Eier an der Oberseite mit einem weichen Bleistift zu markieren. Schildkröteneier dürfen anders als Vogeleier bereits wenige Stunden nach der Ablage und vor allem während der Inkubation nicht mehr gedreht werden. Im Ei sind Eiklar und Dottermasse zunächst vermischt. In den ersten Stunden nach der Ablage setzt sich der Dotter langsam ab und auf seiner Oberseite schwimmt die Keimscheibe. Würde man ab diesem Stadium die Eier drehen, würden die Keimlinge von den Dottermassen erdrückt. Es gibt verschiedene Methoden, die Eier von Schildkröten erfolgreich zu bebrüten. Am unproblematischsten hat sich für viele Züchter eine Inkubation mit Hilfe spezieller Brutmaschinen erwiesen. Der Fachhandel bietet hierzu Geräte in verschiedenen Ausführungen und verschiedenen Größen. Solche Geräte verfügen meist über eine einfache Art der Temperaturregelung und über ein Hygrometer zur Kontrolle der Luftfeuchtigkeit. Wichtig ist, dass man bei der Anschaffung eines Brutapparates darauf achtet, dass man Temperaturen von 32 °C und darüber erreichen kann. Das Geschlecht junger Schildkröten wird in erster Linie über die Bruttemperatur festgelegt. So weiß man heute, dass bei einer Bruttemperatur von 32 bis 32,5 °C die Wahrscheinlichkeit, weibliche Tiere zu bebrüten relativ hoch ist, bei einer Bruttemperatur von 30 °C aber der Anteil männlicher Jungtiere bei nahezu 100 % liegt. Letzte Gewissheit allerdings besteht auch hier nicht. Es wird vermutet, dass es auch andere Scheiteltemperaturen gibt, die ein vermehrtes Schlüpfen von Weibchen begünstigen. Aufgrund der Situation, dass bei den meisten Landschildkröten, vor allem bei *T. marginata*, Weibchen begehrter sind, sollte man immer versuchen, möglichst auf Weibchen zu brüten. Sind die Eier geborgen, notfalls vorsichtig gesäubert und an der Oberfläche markiert, werden sie am besten in leicht feuchtes Zeitigungssubstrat, das man in kleine Schälchen füllt, gebettet. Bewährt hat sich hier Vermiculite. Aber auch feuchter Sand oder normale Gartenerde sind durchaus geeignet. Jeder Züchter schwört hier auf seine eigene Methode, die sich bei ihm bewährt hat. Es empfiehlt sich auch, die Eier gänzlich im Zeitigungssubstrat zu vergraben, um ein möglichst natürliches Erbrüten der Schildkröteneier zu gewährleisten. Es gibt vielfache Vermutungen, dass aus Eiern, die nicht vollständig vergraben sind, vermehrt Jungtiere mit Schilderanomalien schlüpfen. Die so vorbereiteten Schälchen mit den Eiern überführt man in den Brutapparat. Natürlich ist darauf zu achten, dass der Brutapparat so aufgestellt wird, dass er vor Erschütterungen geschützt ist und auch die Umgebungstemperatur nicht all zu starken Schwankungen unterliegt. Alles, was nun zu tun bleibt, ist regelmäßig Temperatur und Luftfeuchtigkeit zu überprüfen. Manche Züchter halten eine Nachtabsenkung während der Zeitigung für vorteilhaft, andere schwören auf konstante Temperaturen. Die Luftfeuchte sollte 60 % nicht unterschreiten. Daher kann es von Zeit zu Zeit nötig werden, mit einem Blumenbestäuber das Zeitigungssubstrat leicht zu befeuchten. Unter künstlichen Bedingungen erbrütet, schlüpfen junge Breitrandschildkröten etwa sechzig bis achtzig Tage nach der Eiablage. Sind die ersten sechzig Tage vergangen, seit Sie die Eier geborgen und in den Brutapparat überführt haben, sollten Sie täglich nach den Eiern sehen. Der eigentliche Schlupfvorgang läuft in der Regel unproblematisch und ohne fremde Hilfe von außen innerhalb mehrerer Stunden ab. Mit Hilfe des Eizahnes wird die kleine Schildkröte im Inneren des Eis versuchen, die Eischale zu durchbrechen. Ist ihr das gelungen, wird sie vermehrt versuchen, durch Bewegungen mit den Beinen und Bisse in die geöffnete Eischale das Loch zu vergrößern. Diese Aktivitäten werden immer wieder von längeren Ruhepausen unterbrochen, in denen die kleine Schildkröte ihre Kräfte sammelt, um sich erneut an die anstrengende Arbeit zu machen, ihre Eischale zu verlassen. Haben Sie die Eier gänzlich im Zeitigungssubstrat vergraben, werden Sie als Pfleger von diesen Vorgängen nichts mitbekommen und erst die fertige Babyschildkröte, die sich an die Oberfläche vorgegraben hat, zeigt Ihnen, dass sich Ihre Tiere erfolgreich vermehrt haben. Waren die Eier jedoch nicht gänzlich vergraben, können Sie beim Schlupfvorgang Zeuge werden. Die kleinen Breitrandschildkröten wiegen beim Schlupf durchschnittlich 16 Gramm und haben eine durchschnittliche Rückenpanzerlänge von 2,4 cm. Manche Eier werden überfällig. Häufig stellt sich dann die Frage, was tun? Es ist durchaus möglich, ein überfälliges Ei vorsichtig an einer kleinen Stelle zu öffnen und der kleinen Schildkröte beim Schlupf behilflich zu sein. Dennoch bin ich der Meinung, dass man insgesamt so wenig wie möglich in den Schlupfvorgang eingreifen sollte.

### Unterbringung und Aufzucht der Jungtiere

Schildkröten betreiben grundsätzlich keine Brutpflege. Nach der Ablage der Eier überlässt die Schildkröte ihren Nachwuchs einzig der Natur. Daher sind frisch geschlüpfte Babyschildkröten auch vom ersten Tag an mit allem ausgerüstet, was sie für ihr Leben benötigen.

Der namensgebende breite Rand ist bei einem Jungtier noch nicht zu erkennen.

In freier Wildbahn werden viele Jungschildkröten das Erwachsenenalter nicht erreichen, da sie oder bereits die Eier ein gefundenes Fressen für Räuber aller Art darstellen, aber auch Naturphänomenen wie starken Regengüssen, Überschwemmungen, Trockenpe-

Frisch geschlüpfte Breitrandschildkröten unterscheiden sich noch deutlich von erwachsenen Tieren. Die markante Bauchzeichnung ist aber gut zu erkennen.

Nach einigen Jahren wird der Panzer der jungen Schildkröte sich strecken und mehr und mehr die Form erwachsener Tiere annehmen.

Die Abbildung zeigt ein vorbildliches Jungtiergehege, das mit einer Drahtabdeckung gegen Raubzeug gesichert ist und einen für die kleinen Tiere freien Zugang zum Gewächshaus hat.

rioden oder Unfällen sonstiger Art zum Opfer fallen können. Schlangen und Vögel, aber auch Füchse und Marder bedienen sich oft gierig an den Jungtieren. Daher versteht es sich von selbst, dass Jungschildkröten in menschlicher Obhut vor solcherlei Gefahren geschützt werden. Am besten bringen Sie die kleinen Schildkröten in einem speziell vorbereiteten Babygehege unter, das den Tieren ein Maximum an natürlicher Sonneneinstrahlung gewährt und das ihnen gleichzeitig genügend Versteckmöglichkeiten bietet. Grundsätzlich kann man sagen, dass kleine Schildkröten genau so gehalten werden können, wie große Tiere. Einzig das Platzangebot sollte beschränkt werden. Ich halte Babyschildkröten im ersten Jahr in niedrigen Plastikwannen, in die ich als Bodengrund ganz normale Gartenerde gebe, die ich regelmäßig feucht halte. Außerdem pflanze ich auf Wildwiesen ausgestochene Grassoden hinein, die den Tieren als Futter und Unterschlupf dienen und die Feuchtigkeit speichern. Der Vorteil dieser Unterbringung liegt darin, dass den Tieren ein Entweichen unmöglich gemacht wird und ich die Behältnisse je nach Wetter versetzen kann, ohne die Tiere zu oft anfassen zu müssen. Bei schlechtem Wetter oder nachts stelle ich diese Plastikwannen in die Schildkrötenhäuser. Bei schöner Witterung stelle ich diese Wannen auf meine sonnige Terrasse. Abgedeckt werden die Wannen oben mit Hasendraht, als Schutz vor Räubern. Ein großer Nachteil ist allerdings mit dieser Art der Unterbringung verbunden. Sollte es in der Abwesenheit des Pflegers zu einem kräftigen Regenfall kommen, können die kleinen Tiere in diesen Plastikwannen ertrinken. Belässt man sie in den Schildkrötenhäusern, können die Tiere unter Umständen überhitzen. Diese Methode ist also nur empfehlenswert, wenn der Pfleger ganztägig nach den Tieren sehen kann. Die beste Möglichkeit, Babyschildkröten bereits nach dem Schlupf unterzubringen besteht daher darin, ein Frühbeet oder eine Sektion im Gewächs-

haus mit angrenzendem Minifreigehege zu gestalten. So können die kleinen Tiere ihr Leben eigenständig führen. Dabei muss allerdings besondere Sorgfalt auf die Ausbruchsicherheit verwand werden, denn kleine Breitrandschildkröten sind wahre Kletter- und Ausbruchkünstler, denen sogar ein Büschel Grass neben einem niedrigen Gehegezaun beim Entweichen hilft. Außerdem besteht immer die Gefahr von Verlusten durch Ratten und Mäuse, vor denen ein Gehege für kleine Breitrandschildkröten in jedem Fall geschützt werden muss.

Auch in einem Frühbeetkasten kann man Jungtiere erfolgreich heranziehen. Niemals aber darf man vergessen, das Frühbeet ausreichend zu lüften, damit die kleinen Tiere nicht an Überhitzung sterben.

Eine kleine Breitrandschildkröte im sicheren Frühbeet.

Das Gehege für die jungen Schildkröten sollte mit zunehmenden Wachstum über die Jahre hinweg vergrößert werden. Innerhalb weniger Tage nach dem Schlupf beginnen die Jungschildkröten mit der Nahrungsaufnahme und sie werden sich gierig über die im Gehege befindlichen Wildpflanzen hermachen. In freier Wildbahn schlüpfen junge Breitrandschildkröten meist Mitte September. Es bleiben ihnen nur wenige Wochen Zeit, Nahrung aufzunehmen, ehe sie ihre erste Winterruhe antreten müssen. In ihrem Zuhause unter künstlichen Inkubationsbedingungen schlüpfen Babyschildkröten je nach Zeitpunkt der Eiablage früher im Jahr, haben also bis zum ersten Winter noch eine längere Aktivitätsperiode vor sich. Insofern ist es für mich immer wieder erstaunlich, wie es zu der so häufig propagierten Regel gekommen ist, dass kleine Schildkröten eine verkürzte Winterruhe halten sollten. Meiner Meinung und meiner Erfahrung nach gibt es keinen einzigen Grund, warum man jungen Europäischen Landschildkröten eine Winterruhe in voller Länge vorenthalten sollte. Dennoch ist es leider die Regel, dass junge Landschildkröten in den ersten Lebensjahren nur eine verkürzte Winterruhe halten dürfen. Dies bleibt nicht ohne Folgen. Dadurch, dass man die Tiere zum Beispiel in einem Zimmerterrarium länger warm und am Fressen hält, haben sie auch die Möglichkeit, schneller zu wachsen, als ihre Verwandten, denen man eine vollständige Winterruhe von vier bis fünf Monaten gewährt. Ein Hauptproblem in dieser Zeit ist dann außerdem der Mangel an geeignetem Futter, der dazu führt, dass viele Tiere ihre Winterruhe bei Salaten und Gemüse verkürzen. All das hat einen sehr ungünstigen Einfluss auf das gesunde, natürliche Wachstum

Werden junge Breitrandschildkröten mit Obst, Gemüse, Fleisch oder Haferflocken gemästet, wachsen sie zu schnell und zeigen dann ein solches Fehlwachstum.

Dieser sechsjährigen *T. marginata* wurde im ersten Lebensjahr eine Winterruhe gänzlich vorenthalten. Das Ergebnis ist ein unnatürlicher Zuwachs in der Zeit, in der das Tier ruhen anstelle von wachsen sollte. Ein anschließender Halterwechsel mit verbesserten Bedingungen hat sich günstig auf die weitere Entwicklung des Tieres ausgewirkt.

von Breitrandschildkröten. Der Hauptgrund dafür, dass viele Pfleger sich scheuen, junge Schildkröten bereits den ersten Winter voll ruhen zu lassen liegt wohl darin, dass eine gefühlsmäßige Abneigung dagegen besteht, die kleinen Tiere während der unwirtlichen Frühjahres- und Herbstwochen im Freiland zu belassen. Ich kenne diese Gefühle und habe meine ersten kleinen Breitrandschildkröten vor vielen Jahren auch noch im Frühjahr und Herbst oder während eines nassen Sommers ins Haus geholt, um ihre Aktivitätsperiode zu verlängern und, wie ich meinte, sie vor kalter Witterung zu schützen. Es sind Tiere herangewachsen, denen man ein Leben lang ansehen wird, dass ich als Pfleger hier der Natur ins Handwerk gepfuscht habe. Seit ich dazu übergegangen bin, auch ganz kleine Schildkröten keinen einzigen Tag im Jahr in einem Zimmerterrarium zu pflegen, sind meine Tiere wesentlich makelloser und vitaler. Sie brauchen allerdings auch wesentlich länger, um groß zu werden. Meine ersten Babybreitrandschildkröten hatten mit fünf Jahren Gewichte von 400 bis 500 g während sie heute in diesem Alter kaum 200 g wiegen, dafür aber makellos aussehen. Ich möchte hier nur immer wieder an die freie Natur erinnern. Die Evolution hat es so eingerichtet, dass junge Europäische Landschildkröten bereits von Geburt an mit den klimatischen Umständen ihrer Umgebung fertig werden müssen.

In der Tat verhält es sich so, dass schwache Jungtiere eine vollständige Winterruhe oft nicht überleben. Dies sollte man als natürliche und auch notwendige Selektion betrachten, denn schließlich sollen gesunde Tiere groß werden, was ich für einen sehr wichtigen Aspekt in der Vermehrung artengeschützter Tiere halte. Bei gesundem Schildkrötennachwuchs halten sich die Ausfallquoten bei Null. Sterben kleine Breitrandschildkröten während der Wintermonate ab, ist weniger das Phänomen der Winterruhe für Jungtiere als solches zu hinterfragen, als viel mehr die Art der Überwinterung, die Bedingungen unter denen die Elterntiere gehalten werden und der allgemeine Gesundheitszustand der Tiere. Hält man *Testudo marginata* bei artgerechter Unterbringung und bei artgerechter Ernährung im Freiland, sind auch Babyschildkröten in der Lage, problemlos und ohne Gewichtsverlust eine Winterruhe in voller Länge zu überstehen. Freilebende Landschildkröten zeichnen sich durch extrem langsames Wachstum in den ersten Lebensjahren aus. Dies gewährleistet ein gleichmäßiges Wachstum und eine vollständige Verknöcherung des Panzers. Die Knochenkapsel unter den Hornschildern des Panzers ist bei frisch geschlüpften Tieren noch nicht vollständig geschlossen. Bei obduzierten Tieren sind Rippenbögen mit Lücken zwischen den einzelnen Bögen zu erkennen. Erst mit zunehmendem Wachstum schließen sich diese Lücken zwischen den Rippenbögen allmählich und der Panzer verknöchert gleichmäßig und vollständig. In diesen Prozess einzugreifen durch Wachstumsbeschleunigung aufgrund proteinreicher Ernährung oder verlängerter Aktivitätsperioden bedeutet, sichtbare, körperliche Fehlbildungen wie Höckerwachstum zu riskieren. Zwar liegt die unerwünschte Höckerbildung auch in einer zu trockenen Haltung begründet, doch ist diese in der Regel auch wieder ein Ergebnis von Haltung in einem Zimmerterrarium, die bei Verkürzung der Winterruhe notwendig ist. Der Bodengrund im Freiland hat immer eine natürliche Feuchte. Durch beschleunigtes Wachstum bildet sich die Knochenkapsel des Panzers nicht ebenmäßig aus, sondern der Körper der Schildkröte reagiert mit verdicktem Zuwachs durch unregelmäßige Bildung von Knochensubstanz, der das natürliche Panzergefüge stört und aufwirft und somit Höcker und Unebenheiten in mehr oder weniger ausgeprägter Form hervorbringt. Würden bei anderen Tierarten durch menschliche Eingriffe solche Wachstumsstörungen eintreten, die ein Leben lang sichtbar sind, wäre das Aufmerken bei vielen Tierfreunden größer. Bei Schildkröten scheint hier die Toleranzschwelle bedauerlicherweise höher als bei anderen Tieren angesetzt zu sein. Das liegt in erster Linie wohl daran, dass eben eine große Angst besteht, die Tiere während ungeeigneter Witterung im Freiland zu halten oder einer winzigen Babyschildkröte eine vollständige Winterruhe zuzutrauen. Baut man aber wirklich solide Schildkrötenhäuser, überwacht den Temperaturverlauf und ernährt die Tiere artgerecht dann ist diese Angst gänzlich unbegründet.

Wird die Unsicherheit im Frühling und Herbst zu groß, kann es eine einfache Hilfe und Gewissensberuhigung sein, mit Hilfe verschiedener Wettersites im Internet die Temperaturen in den Heimatländern der Tiere abzurufen und so einen Vergleich herzustellen, wie denn die Tiere im eigenen Garten, beziehungsweise im eigenen Frühbeet mit Schutzhütte untergebracht sind. Nach solchen Vergleichen kann dann auch, sollten

Bild linke Seite, links unten: Diese siebenjährige *T. marginata* hat niemals Obst, Gemüse oder Fleisch erhalten. An dem verdickten Zuwachs um die Geburtsschilde erkennt man, dass das Tier in den ersten Lebensjahren nicht in voller Länge winterruhen durfte.

Diese männliche *T. marginata* ist mit elf Jahren geschlechtsreif. Auch hier wurde in den ersten Lebensjahren die Winterruhe verkürzt. Das jugendliche Alter ist aber durch die Färbung des Tieres und die ansatzweise Höckerbildung leicht zu erkennen.

Ungefähr zwei Jahrzehnte vergehen bis die Babyschildkröte zu einer prachtvollen *T. marginata* herangewachsen ist.

Jungtier, semiadultes Tier und ausgewachsene *T. marginata*.

Auch zu Hause ist es möglich, junge Breitrandschildkröten korrekt großzuziehen, ohne dass sich ihr körperliches Erscheinungsbild durch Höckerbildung verändert. Im Bild eine fünfjährige *T. marginata*, die stets im Freiland gehalten wurde, genauso lange Winterruhen durfte wie erwachsene Tiere und nur Wildpflanzen als Futter erhalten hat.

die Unterschiede zu groß sein, eine Zusatzheizung in den Schildkrötenhäusern in Betrieb genommen werden. Häufig hört man gerade von Anfängern in der Schildkrötenhaltung die bange Frage, wie schnell die Tiere denn nun wachsen dürfen. Als grobe Faustregel kann man hier angeben, dass die Tiere im ersten Lebensjahr ihr Gewicht maximal verdoppeln sollten.
Meine Tiere entwickeln sich heute bis zu einem Alter von ungefähr fünf bis sechs Jahren sehr langsam. Zu diesem Zeitpunkt nähern sie sich der 200 Gramm Marke. Diese 200 Gramm scheinen bedeutungsvoll zu sein, denn haben sie dieses Gewicht endlich erreicht, nehmen sie in den Folgejahren etwas schneller zu. Erreicht eine natürlich gewachsene Breitrandschildkröte das Gewicht von 2 kg ist sie meistens 18 bis 20 Jahre alt. Dies verdeutlicht, dass gesund und makellos gewachsene große Breitrandschildkröten wirkliche Kostbarkeiten sind. Anzumerken ist hier noch, dass die höchste Gewichtszunahme bis zum Frühsommer zu verzeichnen ist. Etwa ab Ende Juni bleibt das Gewicht der Tiere relativ konstant und fällt zum Herbst hin manchmal sogar ein wenig ab.
Häufig hört und liest man, dass eine erfolgreiche Nachzucht der Tiere auch eine Bestätigung von artgerechter Tierhaltung darstellt. Ich sehe das ein wenig differenzierter. Ich denke, dass es sicherlich ein Erfolg ist, Schildkröten nachzuziehen. Aber einen mindestens so großen Erfolg sehe ich darin, wenn es gelingt, kleine Schildkröten in menschlicher Obhut so großzuziehen, dass sie sich in ihrem äußeren Erscheinungsbild nicht von frei lebenden Schildkröten unterscheiden. Dann ist ein Meilenstein auf dem Weg zur artgerechten Tierhaltung erreicht.

Hybridbildungen zwischen verschiedenen Europäischen Landschildkröten sind leider keine Seltenheit. Beide Bilder zeigen einen Mischling zwischen *T. marginata* und *T. graeca ibera*.

## Bastarde

Es versteht sich von selbst, dass in ihrer Existenz bedrohte Tiere wie Breitrandschildkröten artenrein erhalten werden müssen. Daher ist Bastardisierung zwischen verschiedenen Vertretern der Europäischen Landschildkröten unbedingt zu vermeiden. Insbesondere sind Mischlinge zwischen Breitrandschildkröten und Maurischen Landschildkröten bekannt, aber auch Vermischungen zwischen Breitrandschildkröten und Griechischen Landschildkröten sind möglich.
Um solche Bastardisierungen zu vermeiden bleibt nur eine Konsequenz, nämlich die strikte Trennung der Arten. Es ist möglich, Griechische Landschildkröten und Breitrandschildkröten zu vergesellschaften, wenn für jedes Männchen ausreichende Weibchen der eigenen Art vorhanden sind. Dennoch ist eine wirkliche Gewährleistung, dass sich die Tiere untereinander nicht paaren, selten gegeben. Maurische Landschildkröten und Breitrandschildkröten sollten in keinem Fall vergesellschaftet werden. Interessant ist, dass Breitrandschildkröten, die in menschlicher Obhut in gemischten Gruppen mit Griechischen- und Maurischen Landschildkröten großgezogen wurden, eher dazu neigen, sich mit Vertretern der anderen *Testudo*- Arten zu paaren, als solche, die ausschließlich mit ihresgleichen gehalten wurden. Es scheint also eine Prägung auf die eigene Art stattzufinden. Das bedeutet für uns Pfleger, dass Schildkröten bis zur Geschlechtsreife in jedem Fall in artenreinen

Von links nach rechts im Bild: *T. marginata*, *T. graeca ibera*, Mischling zwischen beiden Arten, der mehr Merkmale von *T. marginata* aufweist, während der Mischling ganz rechts im Bild mehr an eine *T. graeca* erinnert.

Dieselben Tiere in der Bauchansicht.

Auch zwischen *T. hermanni* und *T. marginata* kann es zu Hybridbildungen kommen. Von links nach rechts im Bild: *T. hermanni boettgeri*, Mischling zwischen *T. hermanni boettgeri* und *T. marginata*. Rechts im Bild eine reine *T. marginata*.

Dieselben Tiere in der Bauchansicht. *T. hermanni* weist die arttypische schwarze Längsbänderung am Bauchpanzer auf. *T. marginata* rechts im Bild hat dreieckige Wimpelzeichen. Der Mischling in der Mitte hat unvollständige Merkmale beider Arten.

Gruppen aufgezogen werden sollten. Für den Neuling in der Schildkrötenhaltung ist es insgesamt ratsam, sich auf eine Art zu konzentrieren und nicht einer Sammelleidenschaft zu verfallen und wahllos Tiere unterschiedlicher Arten anzuschaffen. Eine spezielle Art konsequent zu halten und eine erfolgreiche, intakte Gruppe heranzuziehen scheint mir persönlich wesentlich erstrebenswerter, als verschiedenste Schildkröten in einem Gehege zusammen zu halten, für die die Natur einfach keine Vergesellschaftung vorgesehen hat.

## Gesundheit

Die meisten gesundheitlichen Probleme bei Breitrandschildkröten treten durch eine falsche Ernährung, ungeeignete Unterbringung und vorenthaltene Winterruhe auf.

Ein Blick auf den Schildkrötenpanzer kann einem Tierarzt vieles verraten, unter anderem auch das Alter des Tieres. Das ist der Bauchpanzer einer circa 15 jährigen *T. marginata*.

Das Tier, dem dieser Bauchpanzer gehört ist hingegen wohl schon um die sechzig Jahre alt.

Bild innen: Eine natürliche Haltung mit möglichst artgerechter Ernährung und Unterbringung ist der beste Garant für ein langes Schildkrötenleben.

Daher ist die beste Vorbeugung gegen jede Art der Erkrankung eine artgerechte Tierhaltung. Dennoch kann es trotz tadelloser Ernährung und idealer Unterbringung vorkommen, dass eine Breitrandschildkröte erkrankt. Letztlich erfordert jede Erkrankung tierärztliche Behandlung. Daher möchte ich auch nicht weiter auf Therapien oder medikamentöse Behandlungen eingehen oder gar Dosierungsanleitungen für einzelne Medikamente geben. Noch einmal sei gesagt, bei schwereren Erkrankungen obliegt es immer der Verantwortung des Pflegers, mit seinem Tier einen reptilienkundigen Tierarzt aufzusuchen. Bereits vor der Anschaffung der Tiere ist es daher ratsam, sich zu erkundigen, wo der nächste Reptilienspezialist niedergelassen ist. Oftmals haben Universitätskliniken hervorragende Tierärzte für Reptilien, doch es gibt auch immer mehr niedergelassene Tierärzte, die sich speziell mit Reptilien befassen.

### Parasiten

Das wohl am häufigsten vorkommende Problem in der Haltung von Breitrandschildkröten ist das Auftreten von Endoparasiten, an denen alle Schildkröten leiden. Im Fall von *T. marginata* sind hier an erster Stelle Oxyuren (Fadenwürmer) und Askariden (Spulwürmer) zu nennen. Jede im Freiland lebende Landschildkröte hat zumindest Oxyuren in ihrem Verdauungstrakt. Meist bleibt der Befall unerkannt und schädigt das Tier nicht weiter. Zu einem ernsthaften Problem aber werden diese Parasiten, wenn sie sich massiv vermehren und somit das Wirtstier schädigen. Es herrschen viele Diskussionen darüber, wie oft man Schildkröten entwurmen soll. Ich persönlich denke, dass das immer vom Grad des Wurmbefalls abhängig ist. Daher ist eine Untersuchung der Ausscheidungsprodukte durch einen Tierarzt sinnvoll. Bevorzugt sollte eine Kotuntersuchung im fortgeschrittenen Frühjahr stattfinden. Sind Spulwürmer vorhanden, ist eine Wurmkur unumgänglich. Wird nur ein leichter Oxyurenbefall festgestellt, ist es fraglich, ob eine Wurmkur wirklich sinnvoll ist, da auch unsere heimischen Tiere, wie Vögel oder Igel, die man schwer aus einem Schildkrötengehege fernhalten kann, Träger solcher Fadenwürmer sind und die Schildkröten stets neu infizieren. Vermehren sich diese Würmer in der Schildkröte massenhaft, führt das zu Abmagerung bis hin zum Tod des Tieres. Eine solche, massenhafte Vermehrung der Parasiten hat aber meist äußere Ursachen. So habe ich bereits eingangs erwähnt, dass vor allem weibliche Breitrandschildkröten extrem reviertreu sind. Durch besondere Stresssituationen, wie einen Gehegewechsel bei Verkauf des Tieres kann das Immunsystem der Schildkröte geschwächt werden. Dies bietet dann die ideale Voraussetzung für Würmer, aber auch für manche Bakterien, sich stark zu vermehren. Ebenso

Der geübte Pfleger kann oft mit ziemlicher Sicherheit erkennen, ob seine Tiere gesund sind.

kann eine Fehlernährung mit einer Wurmplage zusammenhängen. Mit geeignetem, rohfaserreichen Futter, werden Würmer aus dem Verdauungstrakt der Breitrandschildkröten ausgeschieden. Erhalten die Tiere aber ungeeignetes, rohfaserarmes Futter, dann haben die Würmer eine größere Möglichkeit, den Darm des Wirtstieres dauerhaft zu besiedeln.

Ist es nach tierärztlicher Meinung unumgänglich, eine Wurmkur durchzuführen, sollte man unbedingt darauf achten, dass diese mindestens acht Wochen vor Herbstbeginn abgeschlossen ist. Am effektivsten wirken Wurmmittel, wenn die Stoffwechselfunktionen der Schildkröte am aktivsten sind, also im Früh- und Hochsommer, wenn man die Tiere leicht warm halten kann, ohne ihnen den erneuten Stress einer Umquartierung in ein Zimmerterrarium anzutun. Viele Medikamente verbleiben mehrere Wochen im Körper der Schildkröte, ehe sie vollständig abgebaut sind. Daher mein Rat, nie in den Herbstmonaten zu entwurmen, denn mit Medikamenten im Körper darf keine Schildkröte eingewintert werden. Ist es aus irgendeinem Grund nötig, dennoch im Spätsommer noch zu entwurmen, muss in jedem Fall die Haltung und Ernährung hinterfragt werden.

Die beste Prophylaxe gegen Würmer liegt im möglichst täglichen Entfernen der Ausscheidungsprodukte und in einer stressfreien, artgerechten Haltung.

### Verletzungen

Vor allem in den Paarungszeiten kann es vorkommen, dass Breitrandschildkröten wunde Stellen davontragen. Daher sollte man speziell im Frühjahr und im Herbst vermehrt ein Auge auf die Weichteile der Tiere haben. Sind es nur leichte Hautabschürfungen, entstehen in der Regel keine Probleme. Schwierig aber wird es, vor allem bei warmer Witterung, wenn tiefere Wunden auftreten. Dann ist es in jedem Fall anzuraten, einen Tierarzt zu konsultieren, da vor allem Fliegenmaden sich gerne in offenen Wunden einnisten und verheerenden Schaden an den Schildkröten anrichten können. Die tierärztliche Praxis bietet hier einfach anzuwendende Salben und Sprühverbände, mit denen ein solches Problem verhindert werden kann und die auch zu einer schnellen Heilung führen. Häufen sich Verletzungen, die sich die Tiere gegenseitig beibringen, ist natürlich darüber nachzudenken, ob die Gruppenzusammenstellung wirklich ideal ist. Notfalls muss man hier besonders rabiate Männchen entfernen und in einem separaten Gehege unterbringen.

### Schnupfen

Ein weiteres Problem, mit dem fast alle Halter von *T. marginata* konfrontiert werden, ist der Schnupfen. Bei den meisten Landschildkröten ist eine laufende Nase auf eine zu kalte Unterbringung zurückzuführen. Daher ist, um Erkältungsprobleme jeder Art zu verhindern, auf eine geeignete Umgebungstemperatur zu achten, die den jahreszeitlichen Temperaturen der mediterranen Heimatländer von Breitrandschildkröten entsprechen. Viele Breitrandschildkröten haben für wenige Wochen im Jahr eine „nasse Nase“, die temporär auch wieder verschwindet und die keine Erkältung als Ursache hat. In der tierärztlichen Praxis ist nach meinem Kenntnisstand noch keine endgültige Therapie gefunden worden, um

Schildkröten können oft mit Verletzungen fertig werden, die deutliche Spuren hinterlassen. Dennoch darf man daraus nie schließen, dass die Tiere unempfindlich sind. An Fehlernährung oder falscher Haltung gehen sie langsam und qualvoll zugrunde.

dieses Problem zu lösen. Die meisten Tiere scheinen unbehelligt mit dieser Form von Schnupfen zu leben. Dennoch ist bei Auftreten von Schnupfensymptomen immer Vorsicht geboten. Leicht kann sich ein Erkältungsschnupfen zu einer lebensbedrohlichen Lungenentzündung auswachsen, die schnellstens von einem reptilienkundigen Tierarzt behandelt werden muss.

### Herpesinfektion

Die wohl gefürchtetste Erkrankung bei Landschildkröten überhaupt ist die Herpesinfektion. Eine Infektion mit dem Herpesvirus äußert sich anfänglich oft durch Schluckstörungen, eitrige Beläge im Maul, Futterverweigerung, abnorme Kopfbewegungen und Bewusstlosigkeit. Meist endet diese Erkrankung tödlich. Ein einmal infiziertes Tier bleibt ein Leben lang Träger dieser Erkrankung und stellt damit eine potenzielle Gefahr für alle anderen Schildkröten dar. Die einzige und beste Vorbeugung gegen eine Infektion mit einem Herpesvirus besteht in einer ausreichend langen Quarantäne für Neuzugänge. Es gibt heute spezielle Testverfahren, mit denen Herpeserreger nachgewiesen werden können. Insofern sollte jedes neu erworbene Tier einem Tierarzt vorgestellt werden, nicht nur um Kenntnis über einen wahrscheinlichen Parasitenbefall zu erlangen, sondern um in erster Linie Klarheit über das Herpesrisiko zu gewinnen.

## Schlussbemerkung

Ich habe versucht, mit dem vorliegenden Buch, meine Art der Haltung von Breitrandschildkröten zu veranschaulichen. Alle detaillierten Einzelheiten zu berücksichtigen, ist natürlich im begrenzten Umfang eines solchen Werkes nicht möglich. Aber mein besonderer Wunsch ist es, vor allem bei Neueinsteigern in der Schildkrötenhaltung ein Verständnis für die Natur und auch für die Natur der Tiere zu erwecken, denn Schildkröten sind Geschöpfe, die mit und in der Natur leben und ein Stück Natur sind. Durch menschliche Eingriffe in Ökosysteme werden häufig gravierende Schäden ausgelöst, unter denen viele Wildtierpopulationen, auch Schildkröten, leiden. Unsachgemäße menschliche Eingriffe in das Leben und die Aufzucht von Schildkröten unter menschlicher Obhut lösen an diesen Tieren selbst oft gravierende Schäden aus. Insofern sind uns die urzeitlichen, liebenswerten Schildkröten doppelt ausgeliefert und das bedarf unseres ganz speziellen Respekts vor der Kreatur sowie unserer Sorgfalt, Rücksichtnahme und auch unserer Selbstbeherrschung, wenn wir durch ein Zuviel an Fürsorge dazu verleitet werden, in natürliche Prozesse eingreifen zu wollen. Ich wünsche jedem Schildkrötenfreund, den ich mit diesem Buch erreichen konnte, frohe Stunden mit seinen Tieren und schöne Erlebnisse mit und in der kleinen Natur, die wir versuchen in der Schildkrötenhaltung im kleinen Bereich zu erhalten und zu erschaffen.

Auf Wiedersehen!

## Danksagung

An dieser Stelle möchte ich mich herzlich bedanken bei jenen Menschen, die mir bei der Erstellung dieses Buches behilflich waren. An erster Stelle ist hier Bastian Esser zu nennen, der mit unermüdlichem Eifer fotografiert hat. Herzlichen Dank auch an Tanja Kremser undTorsten Blank für die hervorragenden Aufnahmen aus Griechenland. Ein herzliches Dankeschön geht auch an Familie Campi und Sybille Schreiner für ihre Hilfe. Ebenso wie an Cornelia Kranz, Familie Hormaier, Dominik Müller, Familie Faller, Felicitas Koeber und natürlich an Susanne Franz, Dorothee Backes, Michaela Fochler, Ralf Thoma und Gudrun Vaitl die sich die Mühe gemacht haben, die Rohfassung des Manuskriptes zu lesen. Nicht zuletzt möchte ich auch Herrn Fritz Riesel für seine Computerhilfe danken.

Mehrere wildlebende *T. marginata* in Griechenland von der Bauchseite betrachtet.

## Verwendete und weiterführende Literatur

Artner, H & Meier, E. (Hrsg.) 1997, Schildkröten Symposiumsband. Münster

Basile, I. A. 1989. Faszinierende Schildkröten, Landschildkröten. Stuttgart

Eggenschwiler, U. Dr. med. 2000, Die Schildkröte in der tierärztlichen Praxis. CH-Silblingen

Föhr-Campi, U. 1997. Europäische Landschildkröten, Praktische Erfahrungen für den Anfänger und den fortgeschrittenen Halter. I-Porto Mantovano

Kirsche, W. Prof. Dr. 1998. Die Landschildkröten Europas, Biologie, Pflege, Zucht und Schutz. Melle

Mara, W. P. 1996. Wasser- und Landschildkröten. Ruhmannsfelden

Mayer, R. 1992. Europäische Landschildkröten. Leben-Haltung-Zucht, Kempten

Müller, G. 1987. Schildkröten. Stuttgart

Pritchard, P. C. H. 1979. Encyclopedia of turtles, T.F.H. Publications INC, Neptune, N. J. USA

Pursall, B. 1995. Europäische Landschildkröten. Ruhmannsfelden

Vetter, H. 2002. Schildkröten-Lexikon II/2002. ISSN 1436-5537

Zirngibl, R. 2000. Griechische Landschildkröten. Ruhmannsfelden

### Fachzeitschriften

Draco. 2002. Mediterrane Landschildkröten

Marginata. 2004. Erstausgabe

# Ihr Hobby Terraristik

Alle Bücher sind mit 80 bis 120 Abbildungen reich bebildert und werden dank des exklusiven, hochglänzenden FotoFinish zum wahren Augenschmaus.

**... die besonderen Bücher für den ambitionierten Terrarianer.**

bede-Nr. HO 424
ISBN-10: 3-89860-084-X
ISBN-13: 978-3-89860-084-2

bede-Nr. HO 397
ISBN-10: 3-933646-39-1
ISBN-13: 978-3-933646-39-2

bede-Nr. HO 434
ISBN-10: 3-89860-156-0
ISBN-13: 978-3-89860-156-6

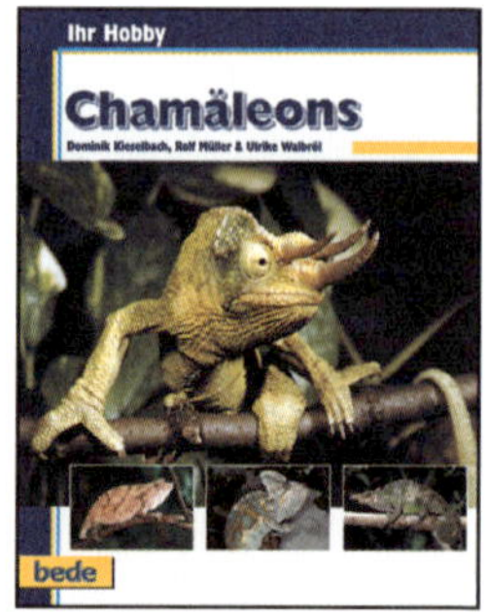


bede-Nr. HO 412
ISBN-10: 3-933646-34-0
ISBN-13: 978-3-933646-34-7

bede-Nr. HO 399
ISBN-10: 3-933646-20-0
ISBN-13: 978-3-933646-20-0

bede-Nr. HO 429
ISBN-10: 3-89860-134-X
ISBN-13: 978-3-89860-134-4

bede-Nr. HO 401
ISBN-10: 3-933646-18-9
ISBN-13: 978-3-933646-18-7

bede-Nr. HO 427
ISBN-10: 3-89860-114-5
ISBN-13: 978-3-89860-114-6

bede-Nr. HO 430
ISBN-10: 3-89860-149-8
ISBN-13: 978-3-89860-149-8

bede-Nr. HO 426
ISBN-10: 3-89860-104-8
ISBN-13: 978-3-89860-104-7

bede-Nr. HO 402
ISBN-10: 3-933646-16-2
ISBN-13: 978-3-933646-16-3

bede-Nr. HO 403
ISBN-10: 3-933646-15-4
ISBN-13: 978-3-933646-15-6